W0195805

ROBOTER

CHRISTIAN WEYMAYR + HELGE RITTER

ROBOTER

WAS UNSERE HELFER
VON MORGEN
HEUTE SCHON KÖNNEN

BLOOMSBURY
KINDERBÜCHER & JUGENDBÜCHER

Farbdruck mit dankenswerter Unterstützung
des Exzellenzclusters Cognitive
Interaction Technology – CITEC

© 2010 Berlin Verlag GmbH, Berlin
Bloomsbury Kinderbücher & Jugendbücher
Alle Rechte vorbehalten
Vermittelt durch die Literatur- und
Medienagentur Ulrich Pöppl, München
Umschlaggestaltung: Rothfos & Gabler, Hamburg,
unter Verwendung einer Fotografie
von © Picture Alliance
Typografie und Gestaltung: Manja Hellpap, Berlin
Gesetzt aus der Caecilia
Druck und Bindung: Tlačiarne bb, spol. s r. o.
Printed in Slovak Republic 2010
ISBN: 978-3-8270-5360-2
www.berlinverlage.de

TEIL 3

BEINAHE MENSCHLICH DIE BEGLEITER DER ZUKUNFT

SEITE 101

Wir zwei Autoren haben uns für dieses Buch gut ergänzt: Christian Weymayr ist Biologe und Wissenschaftsjournalist, Helge Ritter ist Roboterforscher an der Universität Bielefeld. Dort arbeitet er zusammen mit anderen Informatikern, Biologen, Sprach- und Sportwissenschaftlern an ganz unterschiedlichen Projekten zum Thema Roboter. Deshalb ist in diesem Buch oft von der Universität Bielefeld die Rede. Das soll jedoch nicht heißen, dass an anderen Instituten in Deutschland und weltweit sowie von privaten Tüftlern nicht ebenso gute und wichtige Forschung betrieben wird. Um über alle Aktivitäten zu berichten, hätten wir jedoch viele Bücher schreiben müssen.

Diese dann zu lesen wäre vermutlich etwas ermüdend gewesen, da an vielen Forschungsstätten ähnliche Dinge entwickelt werden, die sich oft nur für den Fachmann unterscheiden. So haben wir uns darauf beschränkt, anhand von über 100 Roboterbeispielen die grundsätzlichen Entwicklungen darzustellen.

Im ersten Teil stellen wir die »Helden der Freizeit« vor, die man in den Fantasiewelten der Kinderzimmer, der Bücher und der Filme trifft. Wir zeigen, wie eigenständig Spielzeuge heute schon sein können, wie man Roboter selber bauen kann und zu welch unterschiedlichen Ergebnissen Schriftsteller und Filmemacher kommen, wenn sie sich eine Zukunft mit Robotern ausmalen.

Im zweiten Teil geht es um die »Spezialisten der Arbeit«, also um Roboter, die uns heute schon im Alltag zur Seite stehen. Dabei klären wir, wieso Roboter für manche Aufgaben besser geeignet sind als Menschen, wie sie auch auf fernen Planeten alleine zurechtkommen, warum manche doch keine so große Hilfe sind wie erhofft und welche Arten von Robotern sich am besten verkaufen.

Im dritten Teil beschreiben wir die »Begleiter der Zukunft«. Wir besuchen Forschungslabors und berichten darüber, was die Roboter der Zukunft heute schon können. Dabei wird auch deutlich, wie viel Roboter noch lernen müssen, damit sie sich in unserer Umgebung zurechtfinden. Und schließlich lösen wir das Rätsel, warum Roboter zwar Schachweltmeister werden können, aber an Aufgaben, die jedes Kind fast im Schlaf löst, noch kläglich scheitern.

Christian Weymayr / Helge Ritter

GARANTIERT SPANNEND

DIE HELDEN DER FREIZEIT

TEIL 1

ROBOTER MACHEN SPASS UND BEFLÜGELN UNSERE FANTASIE. PLÜSCHDINOS STAPFEN NEUGIERIG DURCH UNSERE WOHNUNGEN, BAUKÄSTEN LADEN ZUM SCHRAUBEN UND PROGRAMMIEREN EIN UND MONSTRÖSE ZERSTÖRER VERBREITEN IN FILMEN ANGST UND SCHRECKEN.

Normalerweise ist Pleo vergnügt und neugierig. Er schlendert herum und schaut, was so los ist. Er kann aber auch anders sein: verspielt oder ängstlich, traurig oder böse. Pleo ist das wohl ungewöhnlichste Kuscheltier, das es zurzeit gibt, denn Pleo hat eine eigene Persönlichkeit. Damit gehört er zu einer neuen Generation von Spielzeugen, die man nicht fernsteuern muss, sondern die von sich aus etwas tun und die reagieren, wenn andere etwas mit ihm machen. Das scheint anzukommen: Allein in den USA wurde Pleo schon 80 000-mal verkauft.

Der etwa 50 Zentimeter hohe, eineinhalb Kilo schwere Spielzeugdino kostet ungefähr 260 Euro. Das ist viel für ein Kuscheltier, aber wenig für eine »kleine Sensation«, die er für einen Journalisten der Zeitschrift *Wirtschaftswoche* ist. Pleo sei der erste bezahlbare Serienroboter, der nur Vergnügen bereiten soll. »Damit«, so der Journalist, »erreicht das Verhältnis zwischen Mensch und Maschine eine neue Qualität.« Eine Reporterin der Nachrichtenagentur Reuters, die Pleo auf der Elektronikmesse CeBit in Hannover kennenlernte, glaubt sogar, dass solche Spielzeuge eines Tages den Hund als besten Freund des Menschen ablösen könnten. Und sie scherzt: »Haustiere, ihr seid gewarnt!«

Pleo ist ein Dinosaurierbaby, und zwar der originalgetreue Nachbau eines frisch geschlüpften Camarasaurus. Er verhält sich so, wie man es von einem Tierbaby erwartet: Wenn er traurig ist, weil man vielleicht länger nicht mit ihm gespielt hat, sollte man ihn auf den Arm nehmen und streicheln. Das besänftigt ihn: Er schließt die Augen, kuschelt sich an und schläft ein. In welcher Stimmung er sich befindet, verrät seine Körpersprache: Er plinkert mit den Augen, schlägt mit dem Schwanz, hält den Kopf schief, duckt sich und streckt die Beine. Außerdem stößt Pleo Laute aus, wie man sie aus Dinofilmen kennt: Er röhrt und brüllt, er fiept und jault.

Der kleine grüne Kerl kann Dinge erforschen, sich hinlegen, eine bedrohliche Tischkante im Blick behalten, in ein Blatt beißen und daran ziehen. Er kann sogar aufpassen, ob jemand in der Wohnung ist. Ihn aufzufordern, solche Dinge zu tun, hat aber keinen Sinn, denn Sprache versteht er nicht – das wäre von einem Dinosaurier auch ein bisschen viel verlangt. Man muss ihn stattdessen an bestimmten Körperstellen anfassen: Damit er zum Beispiel etwas erforscht, muss man ihn an beiden Vorderbeinen für drei Sekunden drücken. Damit er sich hinlegt, muss man für zehn Sekunden eine Hand auf seinen Rücken legen. Und damit er in den Wachhund-Modus wechselt, muss man sogar vier Körperstellen gleichzeitig berühren.

Pleo will spielen.

Dass Pleo so lebendig wirkt, verdankt er einer Menge Technik: Unter seiner weichen, beweglichen Haut verbergen sich knapp 2000 Einzelteile, 14 Motoren und 38 Sensoren: Mit seiner Videokamera, den Tast-, Beschleunigungs- und Gleichgewichtssensoren sowie dem Mikrofon kann er gehen, sehen, fühlen und hören. Seine Persönlichkeit wird von einem speziellen Programm gesteuert.

Obwohl Pleo so viel kann, sind seine Möglichkeiten letztlich doch begrenzt. Damit aber keine Langeweile aufkommt, kann man Pleo neu programmieren. Dafür hat er auf der Unterseite einen USB-Anschluss und einen Schlitz für eine Memory-Card. Auf der Homepage von Pleo, der PleoWorld, gibt es Programm-Updates des Herstellers und Zusatzprogramme, die Fans von Pleo selber geschrieben haben. Und die Fangemeinde ist ziemlich groß: Auf PleoWorld sind fast 30 000 Mitglieder registriert, knapp 1000 kommen aus Deutschland.

Wenn man etwa das Halloween-Zusatzprogramm lädt, verhält sich der sonst so liebe Pleo unberechenbar und stößt gruselige Laute aus. Oder mit dem Pleosaurus-Rex-Programm entdeckt er seine wilde Seite und verbreitet Angst und Schrecken – soweit das einem Dino-Baby eben möglich ist. Der Hersteller unterstützt solche Aktivitäten der Fans nach Kräften und stellt deshalb eigene Programme ins Netz, die es einem leichter machen, eigene Erweiterungen für Pleo zu schreiben. Möglich ist dabei alles, behauptet der Hersteller: »Die Liste von Tricks, die Pleo lernen kann, ist so lang wie deine Vorstellungskraft.«

EIN BABY FÜR DIE ÄLTESTEN

Beinahe so ausgefeilt wie Pleo, aber noch kuscheliger ist das Robbenbaby Paro. Wird Paro schlecht behandelt, heult er, wenn man ihn herzt, zeigt er Freude. Wird er gerufen, wendet er seinen Kopf in die Richtung, aus der der Ruf kommt. Ist er hungrig, muss man ihn über einen speziellen Schnuller, der mit der Steckdose verbunden ist, mit Strom füttern. Die weiße Robbe mit ihrem plüschigen Fell ist aber nicht für Kinder gedacht, sondern für Menschen im Alters- oder Pflegeheim – er ist ein sogenannter therapeutischer Roboter. Paros Fell lässt sich leicht pflegen, und die Elektronik in seinem Inneren ist so abgeschirmt, dass auch Menschen mit Herzschrittmachern keine Angst haben müssen, dass ihr Gerät aus dem Takt kommt. In Altenheimen leistet die Robo-Robbe tatsächlich gute Dienste, wie Versuche in Japan und anderen Ländern gezeigt haben: Die alten Menschen haben mit Paro etwas, das sie beschäftigt und anregt. Sie können die Robbe streicheln und sich um sie kümmern. Dadurch werden die Menschen zufriedener, sie sind weniger aggressiv und bleiben länger geistig fit.

Die Befürchtung, dass die alten Menschen dann seltener etwas mit anderen Menschen zu tun haben wollen, hat sich nicht bestätigt. Im Gegenteil, sie reden sogar mehr miteinander, denn Paro ist ein prima Gesprächsthema. Insgesamt hilft Paro den Menschen also, wieder etwas mehr am Leben teilzunehmen. Auch Altenheime in Deutschland testen den Roboter bereits.

Kuschelst du mit mir?
Dauerschmuser Paro
braucht viel Liebe.

Fass!
Wie jeder Hund jagt Aibo
gerne Bällen nach.

EIN HUND, DER MÄNNCHEN, ABER KEINE HÄUFCHEN MACHT

Ähnlich gute Ergebnisse haben Versuche in den USA mit Roboterhunden gebracht: Heimbewohner fühlen sich mit ihnen weniger einsam. Das Erstaunliche dabei war, dass die künstlichen Hunde genauso gut abschnitten wie echte Hunde, die zum Vergleich mitgetestet wurden. In der Praxis sind lebende Pudel und Dackel aber keine wirkliche Alternative: Tiere bleiben immer ein wenig unberechenbar, und sie können auch hygienische Probleme mit sich bringen.

Einer der beiden getesteten Roboterhunde war Aibo. Er ist so etwas wie der Urvater der selbstständigen Spielzeuge – Pleo und Paro wären nicht möglich gewesen ohne den Roboterhund der Firma Sony. Aibo war bei seinem ersten Auftritt im Jahr 1999 eine riesige Sensation. Einen mechanischen Hund, der laufen, bellen und mit dem Schwanz wedeln konnte, hatte es vorher noch nicht gegeben. Er war allerdings so teuer, dass er als Spielzeug höchstens für die Kinder aus reichen Familien in Frage kam. Dafür war Aibo für Forscher umso interessanter: Sie brauchten sich nicht die Mühe zu machen, einen eigenen Roboter zu bauen, um Dinge wie Bewegungsabläufe und Teamarbeit studieren zu können, sondern sie kauften sich einfach einen Aibo und programmierten ihn neu.

Aibo hat inzwischen ausgebellt – Sony baut ihn nach 150 000 verkauften Exemplaren seit März 2006 nicht mehr. Auch bei den jährlichen Fußballweltmeisterschaften der Roboter, dem RoboCup, hatte Aibo 2008 in China seinen letzten Einsatz. Beim RoboCup 2009 in Österreich wurde Aibo von dem zweibeinigen Roboter Nao abgelöst. Beim RoboCup gibt es einen eigenen Wettbewerb, in dem Mannschaften aus Robotern desselben Typs gegeneinander antreten: also früher Aibos gegen Aibos und heute Naos gegen Naos. Besonders spannend sind diese Wettkämpfe für die Forscher, weil dabei alle Teams dasselbe Robotermodell verwenden und deshalb am Ende nicht die besten Bastler, sondern die besten Programmierer gewinnen.

ZWEI KLUGE EIERKÖPFE

Während der niedliche Pleo und die Kuschelrobbe Paro vor allem Gefühle wecken und Freude machen sollen, ist PaPeRo, der Personal Robot, ganz auf Kommunikation programmiert – er ist sozusagen der Intellektuelle unter den mechanischen Hausgefährten. Mit PaPeRo wollen die Entwickler der japanischen Firma NEC herausbekommen, was es eigentlich heißt, mit einem Roboter zusammenzuleben. Deshalb haben sie sich auf PaPeRos Innenleben konzentriert und Fähigkeiten wie gehen und greifen beiseitegelassen. Auch in seinem Aussehen haben sich die Entwickler ganz auf das Wesentliche beschränkt. Der fünf Kilo schwere und 40 Zentimeter große PaPeRo wirkt deshalb relativ simpel: Er sieht aus wie ein großes buntes Ei auf Rädern. Den Kopf erkennt man nur daran, dass er oben sitzt, sich drehen und neigen kann und zwei große dunkle Flecken als Augen hat. Den Mund formen viele bunte Lämpchen, die grob signalisieren, ob PaPeRo spricht, lacht oder traurig ist.

Wie Pleo hat PaPeRo eine eigene Persönlichkeit. Er wird also auch von sich aus aktiv, und wenn man ihn anspricht, dreht und neigt er sein Gesicht, so dass er einen ansieht. Er kann einzelne Menschen an ihrem Aussehen unterscheiden und individuell und sehr natürlich antworten. Fragt man ihn zum Beispiel nach der Uhrzeit, sagt er: »Lass mich mal schauen«, neigt seinen Kopf kurz nach unten, hebt ihn wieder und sagt die Uhrzeit. Er kann auf Wunsch den Fernseher anmachen, Rätsel aufgeben und Versteckenspielen. Seine Gefühle drückt er durch tanzen aus, das heißt für ihn: sich im Kreis drehen, den Kopf bewegen und Musik abspielen. In Zukunft soll man mit PaPeRo nachsehen können, ob zu Hause alles in Ordnung ist: Der Roboter schickt einem die Bilder auf das Handy.

Ein ähnlicher Eierkopf wie PaPeRo ist Nabaztag, ein schneeweißes Ding, das mit seinen zwei großen Ohren am ehesten an einen Hasen erinnert. Der Roboter soll so etwas wie die Kommunikationszentrale einer Wohnung sein und ihre Bewohner mit der Außenwelt verbinden. Ein Nabaztag ist also Multimediastation und Internet-Computer in Gestalt eines sprachbegabten Hasen.

Eierköpfe unter sich:
PaPeRo ...

... und
Nabaztag

Und das Langohr hat nette Spielereien auf Lager: Seine Löffel etwa dienen als Kommunikationsmittel. Wenn zum Beispiel ein befreundeter Nabaztag-Besitzer in seiner Wohnung das rechte Ohr seines Hasen nach unten dreht, macht es der eigene Hase genauso, wenn man die beiden vorher als Hasenfreunde definiert hat. Das kann dann heißen: »Hallo, ich denke gerade an dich.« Seine Verbindung mit dem Internet eröffnet dem Nabaztag im Grunde unendliche Möglichkeiten: Er liest E-Mails vor, fischt gezielt Nachrichten aus dem Internet, macht auf Veranstaltungen aufmerksam und organisiert Treffen mit Freunden. Natürlich kann er auf Zuruf auch Musikstücke abspielen oder ein Radioprogramm einstellen.

Und obendrein sieht er schick aus: Als bunt blinkendes Hasenei macht er auf dem Sofatisch eine gute Figur. Kein Wunder, dass er eine eingeschworene Fangemeinde hat, die eifrig neue Programme schreibt, um die Fähigkeiten ihrer Hasen noch zu erweitern. Manche sind so verliebt in ihren Bunnybot, dass sie Fotos ihres Lieblings in verrückten Verkleidungen an die anderen schicken.

IM LADEN DER TAUSEND ROBOTER

Diese wunderlichen und wunderbaren Roboter kann man nicht unbedingt im Spielzeugladen um die Ecke kaufen. Eine mögliche Quelle ist der Fachhandel im Internet, wie beispielsweise der Internet-Laden General Robots, der ganz auf Freizeitroboter spezialisiert ist. Neben den technischen Raffinessen der Roboter legt Antje Ebert, die Gründerin von General Robots, besonderen Wert auf deren Erscheinung. Sie verrät sogar, dass sie am meisten Gefallen an Robotern findet, die gar nichts können, dafür aber toll aussehen, nach dem Motto: nutzlos, aber cool. Doch was heißt bei einem Spielzeug schon »nutzlos«? Ein Spielzeug soll ja vor allem die Fantasie anregen, und das gelingt eher durch das Aussehen der Roboter als durch ihre Fähigkeiten.

Der Funken sprühende
Blech-Michel:
Sparkling Mike

Dreht bei Klatschen ab:
Roboter-Insekt Hexbug

Spielzeugroboter, die die Fantasie beflügeln, finden sich bei General Robots in allen Größen, Arten und Preisklassen. Es fängt an bei dem nur fünf Zentimeter großen Kunststoffroboter für unter drei Euro, der tapfer davonstapft, wenn man ihn aufzieht. In klassischem Blech-Outfit wie aus einem alten Science-Fiction-Film kommt der 20 Zentimeter große Sparkling Mike daher: Wenn man ihn aufzieht, geht er nicht nur, sondern lässt aus seiner Brust auch Funken sprühen. Das ist zwar zu nichts gut, sieht aber super aus.

Weitere Beispiele aus dem Sortiment: eine aufziehbare Roboterspinne, die auf ihren grotesk langen Drahtbeinen lustig zappelt, ein Bausatz für ein Marsfahrzeug aus Holz, ein tatsächlich gut funktionierender Tischstaubsauger in Roboterform oder auch ein Furcht einflößender Kampfroboter zum Zusammenstecken, dessen Arme und Beine sich von Hand verstellen lassen. Eher untypisch, weil relativ intelligent, sind die ziemlich realistisch aussehenden Käfer namens Hexbug, die auf ihren sechs Beinen zügig laufen können und die Richtung ändern, wenn man in die Hände klatscht oder sie mit ihren Antennen an ein Hindernis stoßen.

UNSERE KLEINEN VERWANDTEN

Während die meisten Roboterspielzeuge mit einfacher Elektronik auskommen oder sogar rein mechanisch funktionieren, finden sich am anderen Ende der Entwicklungsskala humanoide, also menschenähnliche Roboter wie etwa das Modell Manoi: Sie können ähnliche Dinge wie das Dinobaby Pleo oder der Hausfreund PaPeRo, gehen aber auf zwei Beinen und sehen auch sonst möglichst wie ein Mensch aus. Sie kosten Tausende Euro und sind im Grunde keine Spielzeuge für Kinder mehr, sondern eher etwas für erwachsene Forscher. Bald aber wird es schon wieder eine neue Generation von Spielerobotern geben: Von ihnen können Kinder sogar etwas lernen. Vorreiter ist ein Roboter, der so menschlich ist wie der humanoide Laufroboter Manoi, so kommunikativ wie das bunte Ei PaPeRo und so weich wie Dinobaby Pleo: ein kleiner Junge namens Zeno, entwickelt von der kalifornischen Firma Hanson Robotics. Der Junge hat ein bewegliches, stupsnasiges Gesicht mit großen Augen, darüber wilde Haarsträhnen. Wenn er traurig schaut, möchte man ihn in den Arm nehmen und trösten, wenn er lacht, möchte man mitlachen.

Spielzeug für
erwachsene Forscher:
Manoi

Was ihn so verblüffend menschlich macht, ist seine Art, auf Menschen zu reagieren. Wenn man sich mit ihm unterhält, sitzt er nicht nur still da, sondern bewegt sich beim Zuhören so natürlich, wie wir es auch tun würden: Er zeigt mit seiner Körpersprache und seinem Gesichtsausdruck, dass er versteht, worum es geht. Genau das macht einen guten Zuhörer und Gesprächspartner aus. Firmenchef David Hanson erwartet, dass Kinder mit Zeno gerne spielen und sprechen werden und dabei ihren Wortschatz erweitern – ein Roboter als Sprachtrainer also. Ausprobieren konnte Hanson seinen Roboterjungen ausgiebig mit seinem eigenen Jungen, der auch Zeno heißt.

Für einen Roboter wirkt Zeno unglaublich lebendig. Wenn er auf dem Rücken liegt und aufstehen will, tut er das nicht so mechanisch wie Manoi, sondern eher wie ein Kind, ein bisschen improvisiert, mit einer etwas linkischen, aber fließenden Bewegung und mithilfe seiner Arme. Den kleinen Roboterjungen wird es in zwei Größen geben: einen etwa 40 Zentimeter großen Zeno und einen Däumling von nur 13 Zentimetern für den nicht ganz so großen Geldbeutel.

Vielleicht wird in den Kinderzimmern bald ständig etwas los sein: Wenn Pleo gerade schlechte Laune hat, weil er sich langweilt, kann Zeno ein bisschen mit ihm spielen.

Vom Entwickler nach seinem Sohn benannt: Zeno

Frauen und Technik, so sagen manche, passen nicht zusammen. Dass das nicht stimmt, beweisen Mädchen des Haranni Gymnasiums in Herne. Sie bleiben an einem Tag in der Woche auch noch zur siebten Stunde in der Schule, denn dann ist ihr Roboterkurs. Das ganze Schuljahr über bauen und programmieren die Achtklässlerinnen Roboter, die am Ende in einem landesweiten Wettbewerb einen heißen Tanz aufs Parkett legen sollen.

Sie fangen jedoch nicht bei null an, sondern verwenden Mindstorms von Lego, ein Baukasten-System, dessen Einzelteile sie individuell zusammenstecken und programmieren. Lego, der Klötzchenhersteller aus Dänemark, bietet den Roboterbaukasten seit etlichen Jahren mit großem Erfolg an. Im Oktober 2006 kam mit Mindstorms NXT eine deutlich verbesserte und erweiterte Version auf den Markt. Gerade für Schulen ist der Baukasten der ideale Einstieg in die Welt der Roboter und damit auch in die Welt der Technik.

Ein Produkt der Fantasie:
Der Mindstorms von Lego

ERFINDUNGSREICHTUM OHNE GRENZEN

Hat man ausreichend Klötzchen, Sensoren, Motoren und Steuereinheiten, sind der Fantasie (fast) keine Grenzen gesetzt. Etliche Beispiele für den Erfindungsreichtum von Hobbybastlern sind auf YouTube zu bewundern: von coolen Fahrzeugen über eine Maschine, mit der man 17 und 4 spielen kann, bis hin zur vollautomatischen Lego-Autofabrik mit Lager, Fließband und Fertigung, in der ein fahrtüchtiges Lego-Auto zusammengebaut wird, das am Ende stilvoll vom Band rollt.

Meist stecken Jungs hinter diesen Erfindungen. Doch ein gutes Beispiel dafür, dass auch Frauen und Technik zusammenpassen, ist Andrea Dederichs, die den Kurs am Haranni Gymnasium betreut. Sie ist Ingenieurin mit Doktortitel und arbeitet jetzt an der Fachhochschule Bochum im Fachbereich Mechatronik und Maschinenbau.

Vor ein paar Jahren beteiligte sie sich am landesweiten Projekt »Mädchen wählen Technik«. Im Rahmen dieses Projekts bot Dederichs in den Herbstferien einen Roboterkurs am Haranni Gymnasium in Herne an. Der Andrang war so groß, dass sie sich entschloss, eine dauerhafte Robotergruppe einzurichten. Da passte es gut, dass sie im Jahr 2006 ein Regiozentrum im »Roberta«-Projekt gegründet hatte. In diesem Projekt, das in ganz Deutschland angeboten wird, sollen Mädchen für Technik begeistert werden. Das Kursangebot ist speziell auf die Wünsche von Mädchen zugeschnitten, die mit den sonst eher jungstypisch kämpfenden oder Fußball spielenden Robotern weniger anfangen können.

TÜFTELN FÜR DEN TANZWETTBEWERB

Und so kam es, dass Andrea Dederichs jetzt einen Roberta-Kurs am Haranni Gymnasium betreut. Während die anderen Schulkameraden bereits am Mittagstisch sitzen, tüfteln vier Mädchen der 8b im Computerraum der Schule an ihren Robotern. Zusammengebaut sind die beiden rund 20 Zentimeter hohen, recht handlichen Mindstorms bereits: Auf dem Fahrgestell sitzt der sogenannte NXT-Stein mit Tasten, einem Display und etlichen Anschlüssen. Er ist das Gehirn des Roboters. Obendrauf steckt der Kopf mit einem Augenpaar, das in Wirklichkeit der Ultraschallsensor ist. An einem Arm steckt ein Berührungssensor. Noch sehen die Roboter mit ihren Rädern und den freiliegenden Kabelsträngen recht technisch aus, doch wenn sie erst in ihren Kostümen stecken, die die Mädchen selber schneidern, werden sie sich in anmutige Tänzer verwandeln.

Aber das kommt später. Heute steht erst einmal die Choreografie der Tänze an. Julia, Ramona, Lisa und Alicia möchten ihre Roboter, die sie Cinderella und Prince getauft haben, einen Paartanz aufführen lassen und skizzieren dafür den Laufweg der beiden Tänzer auf einem Bogen Papier, der die Tanzfläche von vier mal sieben Metern darstellt. Nach einer

Schülerinnen des Haranni Gymnasiums in Herne beim Programmieren ihres Roboters

halben Stunde ist ein Anfang gemacht: Die Roboter sollen getrennt voneinander aus verschiedenen Ecken des Platzes starten. Zuerst rollt Prince, anfangs schnell, dann langsamer, in die Mitte und wartet dort auf Cinderella. Sie kommt aus ihrer Burg auf Prince zu und tanzt dabei neckisch eine Pirouette. Sind die beiden zusammengetroffen, schauen sie zum Publikum und drehen sich dann gegenläufig um sich selbst. Damit die Mädchen ausprobieren können, ob so weit alles funktioniert, stöpseln sie Prince und Cinderella an die Computer an. Mit einfachen Klicks stellen sie im Mindstorms-Programm einzelne Bewegungsabläufe zusammen. Auf dem Computerbildschirm reihen sich dann kleine Befehlsboxen wie Perlen aneinander. Jede Box steht für eine Bewegungseinheit: »einmal um sich selbst drehen« oder »fünf Sekunden geradeaus fahren«. Möglich wären auch Befehle wie »auf einen Meter an das nächste Hindernis heranrollen« oder »so lange fahren, bis jemand in die Hände klatscht«.

Sobald die ersten Einheiten programmiert sind, schnappen sich die Mädchen Cinderella und Prince und gehen damit auf den Flur. Die Mädchen starten ihr Musikstück – »Für Elise« von Beethoven – vom MP3-Player und gleichzeitig die beiden Roboter. Für einen ersten Probelauf klappt es ganz gut, aber Cinderella fährt noch zu weit an Prince vorbei. Also zurück an den Computer und den Winkel nachjustieren. So tüfteln und basteln mehrere Gruppen an ihren Projekten, wobei sie von Andrea Dederichs und Kursleiter Hendrik Wiese, einem Mathematik- und Informatiklehrer der Schule, nach Kräften unterstützt werden.

BAUSTEINE MIT VIELEN TALENTEN

Die einfache Programmierung ist einer der Gründe, warum Andrea Dederichs in den Kursen auf die Mindstorms setzt. »Sie sind sofort gebrauchsfertig«, sagt sie, und: »Man muss nicht löten.« Einfach Klötzchen zusammenstecken, fertig. Das baut Schwellenängste ab und beschert sofort Erfolgserlebnisse. Außerdem lassen sich die Bauteile vielfältig kombinieren, so dass am Ende ganz unterschiedliche Typen von Robotern herauskommen. Im Basispaket sind etliche Komponenten enthalten: drei Motoren mit eingebauten Rotationssensoren, ein Ultraschallsensor zur Entfernungsmessung und zum Erkennen von Bewegungen, ein Mikrofon zum Hören, ein Tastsensor für die Wahrnehmung von Berührungen, ein Lichtsensor zum Erkennen von Farben und verschiedenen Helligkeiten sowie ein Lautsprecher und gut 500 Bauteilchen. Extra kaufen kann man weitere Komponenten wie etwa Kompasssensor, Beschleunigungssensor, Infrarotsensor, Infrarotsucher, Temperatursensor und Kreiselsensor. Auch außerhalb von Lego tragen Fachleute und Laien zur Weiterentwicklung des Mindstorms bei: So haben zum Beispiel Wissenschaftler um Professor Manfred Pinkal von der Universität des Saarlands ihr Sprachsystem, das sie vor allem in der Autoindustrie einsetzen, an den Lego Mindstorms angepasst. Damit kann der Roboter auch Befehle und Namen verstehen und selber sprechen. Kein Wunder also, dass viele Schulen wie das Haranni Gymnasium die Chance ergreifen, Kindern mithilfe der Baukästen Technik spielerisch nahezubringen. Netter Nebeneffekt: Die Kinder können mit ihren Werken an einem der vielen Roboterwettbewerbe teilnehmen und Preise gewinnen.

Eines der Modelle aus
dem Robo-Explorer-Baukasten
von Fischertechnik

DIE BUNTE WELT DES STECKENS UND LÖTENS

Lego ist natürlich nicht der einzige Hersteller von Roboter-
baukästen. Die Firma Fischertechnik beispielsweise bietet
verschiedene Baukästen an, mit denen sich jeweils bestimmte Modelle bauen lassen. So kann man aus den 150 Teilen
des Robo Starter Sets eine Ampel, einen Heizungsregler oder
sechs weitere Modelle konstruieren. Ähnlich ist es mit den
Baukästen PneuVac, Mobile Set, Industry Robots und Explo-
rer, die jeweils drei bis acht verschiedene Modelle ergeben.

Noch drei Beispiele aus dem bunten Angebot: Der Spaßfak-
tor beim Aufräumen des Kinderzimmers ist normalerweise
nicht so hoch, doch mit dem Beetle könnte sich das ändern.
Der Bausatz ergibt im fertigen Zustand ein knallgelbes, fern-
gesteuertes Roboterfahrzeug mit sechs Rädern und einem
Greifarm, der bis zu 150 Gramm schwere Gegenstände packen
und hochheben kann. Socken und Unterwäsche schafft er
also spielend.

Ein Käfer, mit dem Aufräumen
Spaß macht: der Beetle

Ganz schön und ganz schön
neugierig: Spykee

Etwas Besonderes ist auch der Spionageroboter Spykee WiFi
der Firma Meccano. Die 32 Zentimeter große Version wird aus
70 Teilen selbst zusammengebaut. Im fertigen Zustand ist er
ein fahrbarer Roboter, der mit seiner Videokamera Bilder machen und den man auch als iPod-Dockingstation verwenden
kann. Der Clou an Spykee: Er lässt sich über das Handy oder
das Internet drahtlos fernsteuern. Registriert er eine Bewegung, macht er ein Bild und verschickt es per E-Mail.

Wer die Herausforderung sucht und richtig etwas zum Basteln möchte, der ist eventuell mit dem Bausatz Asuro gut
bedient. Entwickelt wurde Asuro vom Deutschen Luft- und
Raumfahrtzentrum. Bis sich der Roboter, der mit seinen beiden großen Rädern und der freiliegenden Platine etwas nackt
und spartanisch aussieht, tatsächlich bewegt, muss fleißig
gelötet, geschraubt und programmiert werden. Er kann Hindernissen selbstständig ausweichen, folgt ansonsten aber
den Befehlen, die er per Infrarot-Schnittstelle vom Computer
empfängt.

Technik pur:
Asuro

EIN PROGRAMM FÜR ALLE FÄLLE

Auch auf der Software-Seite tut sich etwas. Bill Gates, der Gründer der weltweit größten Software-Firma Microsoft, setzt auf die Robotik als eine der entscheidenden Zukunftstechnologien. Und er wäre nicht Bill Gates, wenn er diese Zukunft nicht tatkräftig mitgestalten und auch im Bereich der Robotik das marktbeherrschende System etablieren wollte. Deshalb hat er seine Entwickler beauftragt, eine Computer-Plattform zu schaffen, mit der man alle möglichen Roboter programmieren kann: vom Roboterauto aus dem Baukasten über den Spielzeugroboter bis hin zum tonnenschweren Industrieroboter.

Die Software soll obendrein einfach zu bedienen sein. Allein das wäre ein echter Fortschritt, denn »wenn man heute Roboter programmiert«, sagt Ingo Dahm von Microsoft, »muss man Hardcore-Programmierer sein«. Damit die Software den Ansprüchen auch gerecht wird, kooperiert Microsoft mit so verschiedenen Partnern wie Lego und Fischertechnik und dem Industrieroboter-Hersteller KUKA. Die wissen schließlich selbst am besten, worauf es bei ihren Geräten ankommt.

Microsoft erhofft sich von seiner Software Robotics Studio, die kostenlos aus dem Internet heruntergeladen werden kann, einen gewaltigen Schub für die gesamte Roboterbranche. Während jetzt Hersteller wie KUKA noch viel Zeit damit verbringen, Programme für ihre Roboter zu schreiben, können sie sich in Zukunft ganz auf die Hardware, die ihre eigentliche Stärke ist, konzentrieren. Die Zusammenarbeit hat bereits Früchte getragen. »Die neuen Industrieroboter von KUKA«, sagt Ingo Dahm, »laufen bereits auf der Basis von Robotics Studio.«

Ein besonderes Feature von Robotics Studio soll die Lust am Programmieren zusätzlich fördern: Man kann ein soeben geschriebenes Programm in einer Simulationsumgebung ausprobieren. Dank dieser »Physics Engine« verhält sich der virtuelle Roboter im Computer so, als wäre er real. Wenn er zum Beispiel gegen etwas stößt, bleibt er stehen, wenn er einen Gegenstand balanciert und sich dabei vorwärtsbewegt, rutscht der Gegenstand nach hinten und so weiter. Diese Möglichkeit, ein Programm virtuell zu testen, hat große Vorteile: Man muss den Roboter gar nicht selbst besitzen, um eine Programmierung schreiben und ausprobieren zu können. Und selbst wenn der Roboter etwa in der Halle nebenan steht, sparen virtuelle Probeläufe auf jeden Fall Zeit und Material – schließlich kann ein nur gespielter Crash mit einem Mausklick wieder ungeschehen gemacht werden.

Ist eine einfach zu bedienende Software, die auf allen möglichen Robotern läuft, erst einmal weit verbreitet, wird die Robotik einen Entwicklungssprung machen, prophezeit Bill Gates, schließlich war es bei der Verbreitung des Computers und des Internets nicht anders. Vielleicht wird man dann in ein paar Jahren ganz selbstverständlich zu Hause am Computer seinen Rasenmäher so programmieren, dass er bei der Gartenparty eine Kiste mit Getränken herumfährt und, wenn sie leer ist, sich im Schuppen eine neue holt. Oder man wird den Spielzeughund der Kinder zum echten Wachhund umfunktionieren, damit er über das Internet Alarm schlagen kann, wenn zu Hause etwas Verdächtiges geschieht und die Familie gerade unterwegs ist. Und der Mindstorms-Roboter wird mit den Kindern Englisch und Latein pauken.

»Eeeeeeeeva!!!!« Viel mehr sagt Wall-E den ganzen Film über nicht. Und doch eroberte der kleine Blechheld im Sommer 2008 die Herzen der Kinobesucher. In dem Film *Wall-E – Der letzte räumt die Erde auf* geht es um freundliche Roboter, die uns Menschen helfen, aber auch um gefährliche Roboter, die uns beherrschen wollen. Der freundliche Typ ist Wall-E: ein kleiner, niedlicher und ein wenig naiver Roboter, der sich unsterblich in den futuristischen Erkundungsroboter Eve verliebt. Wall-E räumt den Müll der Menschen auf, die 700 Jahre zuvor von der verschmutzten Erde geflohen sind und seitdem auf Raumschiffen leben. Seinem Mut ist es zu verdanken, dass die Menschen am Ende wieder auf die Erde zurückkehren. Den gefährlichen Typ verkörpert Otto: Der Bordcomputer will, dass alles bleibt, wie es ist. Bordsysteme, Serviceroboter und Menschen sollen unter seiner Kontrolle stehen. Als die Menschen sich befreien wollen, versucht er sie mit aller Macht daran zu hindern.

Der knuddeligste
Müllschlucker
der Filmgeschichte:
Wall-E

Der Film zeigt, wie weit es mit uns Menschen kommen könnte, wenn wir uns zu sehr auf Roboter und Computer verlassen: Auf ihren komfortablen Raumschiffen sind die Menschen auf dem besten Weg, völlig von den Maschinen abhängig zu werden und ihren eigenen Willen ganz zu verlieren. Doch eines Tages bringt der Erkundungsroboter Eve eine Pflanze von der Erde mit. Das bedeutet, dass die Erde wieder bewohnbar ist. Einer Neubesiedelung stünde nichts mehr im Weg – wenn nicht Bordcomputer Otto darauf programmiert wäre, eine Rückkehr zu verhindern. Wall-E und Eve nehmen den Kampf gegen Otto und seine Serviceroboter auf. Am Ende wird Otto abgeschaltet und die Menschen lernen wieder, was »leben« heißt.

Dass Wall-E uns Zuschauer so berührt, liegt daran, dass er zwar wie ein Roboter aussieht, aber wie ein Mensch denkt und fühlt – und zwar wie ein besonders lieber, der die Welt mit seinen großen Kulleraugen freundlich ansieht. Überhaupt verschwimmen in dem Film die Unterschiede zwischen Mensch und Roboter. Sie kehren sich manchmal sogar um: Dann sind die Roboter diejenigen, die pfiffig, klug und mutig handeln, während die Menschen beinahe alles verloren haben, was sie normalerweise auszeichnet: Sie sind nicht mehr unternehmungslustig, nicht mehr neugierig, ja, nicht einmal mehr unzufrieden. Stattdessen hängen sie gelangweilt und völlig verfettet in ihren fahrbaren Sesseln und wissen gar nichts mehr mit sich anzufangen. Erst am Ende erkennen sie, wie stumpfsinnig und sinnlos ihr Leben ist.

Der Film *Wall-E* erzählt also eigentlich die Geschichte eines kleinen mutigen Wesens, das den Menschen hilft. Das Wesen könnte ebenso gut ein Tier, ein Kind oder ein Alien sein. Dass Wall-E ausgerechnet ein Roboter ist, ist eine nette Idee der Filmemacher, die sich in vielen Szenen für lustige Effekte ausnützen lässt. Trotzdem berührt der Film viele Fragen zum Thema Roboter, die die Menschen sich schon immer gestellt haben: Wie wäre es, wenn Maschinen eines Tages wie Menschen werden würden? Wären sie dann eine Gefahr für uns? Wären sie eine Hilfe? Wie würde unser Leben dann aussehen?

DER VORDENKER ISAAC ASIMOV

Schon die alten Hochkulturen beschrieben in ihren Mythen mechanische Wesen, denen die Götter Leben eingehaucht haben. Meist gingen solche Sagen nicht gut aus: Am Ende wurden die Menschen dafür bestraft, dass sie Gott spielen wollten. Trotzdem versuchten sie es immer wieder: Seit der Antike konstruierten Tüftler mechanische Wesen, mit denen sie ihre Zeitgenossen verblüfften – ob mit sprechenden Köpfen, flatternden Tauben oder Enten aus Metall, die Körner fressen, verdauen und als Brei ausscheiden konnten.
Die Bezeichnung »Roboter«, in dem das tschechische Wort »robota« für »Arbeit« steckt, hat der Schriftsteller Karel Čapek im Jahr 1920 geprägt. In seinem Theaterstück *R.U.R.* schuften Roboter als Arbeitssklaven, bis sie sich eines Tages gegen die Menschen erheben und sie vernichten. Als sich in den folgenden Jahrzehnten die Technik rasant entwickelte und sich immer mehr Menschen für den Fortschritt begeisterten, änderte sich auch die Haltung gegenüber Robotern. Science-Fiction-Autoren sahen sie zunehmend als friedliche Helfer an. Vor allem der Schriftsteller Isaac Asimov, der 40 Jahre

lang Robotergeschichten schrieb, hat das moderne Bild des Roboters geprägt. Asimov dachte viel konsequenter als die meisten seiner Kollegen darüber nach, wie ein Leben mit Robotern aussehen könnte – und das schon zu einer Zeit, in der von realen Robotern oder Computern noch keine Rede war. Asimov schrieb seit 1939 Robotergeschichten, aber der erste Industrieroboter wurde erst 22 Jahre später, im Jahr 1961, entwickelt.

Erstaunlich ist, dass der Vordenker Asimov seine eigenen Zukunftsszenarien gar nicht für realistisch hielt. »Als ich meine Robotergeschichten schrieb, dachte ich nicht, dass Roboter zu meiner Lebzeit Wirklichkeit werden würden«, sagte er im Rückblick. »Tatsächlich war ich davon überzeugt, dass es nicht dazu kommen würde, und hätte gewaltige Summen darauf verwettet.« Doch darum ging es Asimov auch gar nicht. Er war von Hauptberuf Wissenschaftler und fand einfach die Frage spannend, was wäre, wenn sich die Technik weiterentwickeln würde – ob das in 50 oder 500 Jahren der Fall sein würde, war für ihn nebensächlich.

Glaubte nicht an
die eigenen Geschichten:
Science-Fiction-
Autor Isaac Asimov

In einem aber war er sich sicher: Roboter würden nicht von einem verrückten Genie als Monster erschaffen werden. Sie würden vielmehr von Ingenieuren geplant, gebaut und programmiert werden, damit sie den Menschen helfen. Und natürlich würden die Ingenieure die Roboter so programmieren, dass sie für die Menschen nicht gefährlich werden könnten.

Deshalb stellte Asimov schon 1942 in der Geschichte *Herumtreiber* die drei Gesetze der Robotik auf. Sie sind bis heute so etwas wie ein Leitfaden für die Roboterentwicklung geblieben:

1. EIN ROBOTER DARF KEINEN MENSCHEN VERLETZEN ODER DURCH UNTÄTIGKEIT ZU SCHADEN KOMMEN LASSEN.

2. EIN ROBOTER MUSS DEN BEFEHLEN EINES MENSCHEN GEHORCHEN, ES SEI DENN, SOLCHE BEFEHLE STEHEN IM WIDERSPRUCH ZUM ERSTEN GESETZ.

3. EIN ROBOTER MUSS SEINE EIGENE EXISTENZ SCHÜTZEN, SOLANGE DIESER SCHUTZ NICHT DEM ERSTEN UND ZWEITEN GESETZ WIDERSPRICHT.

AUF ZU DEN STERNEN!

In den 1960er Jahren ging das Interesse an Robotergeschichten zurück. Das lag zum einen daran, dass die Entwicklung der Roboter sehr langsam voranging und die echten Roboter meilenweit hinter denen aus den Science-Fiction-Geschichten zurückblieben. Ein zweiter Grund für das nachlassende Interesse war die Faszination für ein neues Thema: die Raumfahrt. Anders als die Roboter machte die Raumfahrt große Fortschritte. 1969 landete der erste Mensch auf dem Mond, und so schien es nur noch eine Frage der Zeit, bis Astronauten auch ferne Galaxien erobern würden. Sachbücher aus den 1970er Jahren lassen keinen Zweifel daran, dass der Mensch andere Planeten besiedeln würde.

Roboter spielten bei solchen Plänen zur Eroberung des Universums nur eine Nebenrolle. Das gilt sowohl für die ernst gemeinten Zukunftsszenarien als auch für die Science-Fiction-Geschichten. So erledigen etwa in der legendären Science-Fiction-Fernsehserie *Raumschiff Enterprise*, deren erste Staffel 1966 gesendet wurde, die Menschen das meiste selbst, statt es Robotern zu überlassen. In vielen Folgen begeben sich zum Beispiel Captain Kirk und seine Mannschaft in Lebensgefahr, wenn sie sich auf fremde Planeten hinunter»beamen«. Ein bodenloser Leichtsinn, den kein Captain eines echten Raumschiffs vor seiner Crew und vor dem Flottenkommando verantworten könnte. Klüger wäre es, einen Erkundungsroboter vorauszuschicken. Doch die Drehbuchautoren meinen es gut mit der Enterprise: Zumindest Kirk und Co. kommen immer mit heiler Haut davon.

Doch es gab auch unzählige Science-Fiction-Romane und -Filme, in denen Roboter eine wichtige Rolle spielen. Die folgende Auswahl soll zeigen, wie viele Möglichkeiten es gibt, sich eine Zukunft mit Robotern auszumalen.

DER FREUNDLICHE: SCHLUPP VOM GRÜNEN STERN

Wie bei *Wall-E* denkt und fühlt der Roboter in *Schlupp vom grünen Stern* fast wie ein Mensch. Der kleine Restunterschied zwischen Mensch und Maschine eignet sich vor allem für lustige Szenen. Die Kindergeschichte von Ellis Kaut von 1985, die ein Jahr später von der Augsburger Puppenkiste als Marionettenstück verfilmt wurde, handelt von dem kleinen Roboter Schlupp vom Planeten Balda 7-3. Schlupp hat wegen eines Produktionsfehlers eine Seele bekommen und soll deshalb auf einen Müllplaneten geschossen werden. Dabei passiert noch ein Fehler und Schlupp landet auf der Erde. Aufregend wird es, als die Bewohner von Balda 7-3 ihren Irrtum bemerken und jemanden zur Erde schicken, der Schlupp zerstören soll.

Schlupp
von Balda 7-3

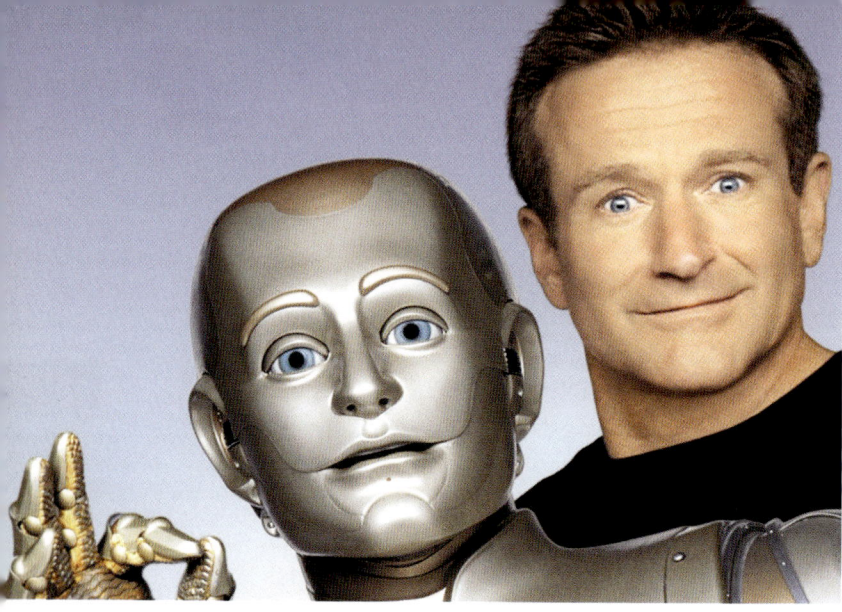

Vorher und nachher: Roboter Andrew wird Mensch.

DER MENSCHLICHE: ANDREW

Der Film *Der 200 Jahre Mann* geht auf eine Geschichte Isaac Asimovs zurück. Darin geht es vor allem um die Frage, wann ist ein Roboter noch ein Roboter und ab wann ist ein Mensch ein Mensch? In dem Film, der im Jahr 2000 in die deutschen Kinos kam, spielt Robin Williams den Haushaltsroboter Andrew, der wie Schlupp aufgrund eines Programmierfehlers menschliche Gefühle hat. Andrews Gefühle sind sogar so ausgeprägt, dass er sich nichts sehnlicher wünscht, als ein echter Mensch zu sein. Also lässt er Schritt für Schritt seine Metall- und Kunststoffteile durch organische Gewebe ersetzen. Er geht sogar so weit, seine Unsterblichkeit aufzugeben und den Tod in Kauf zu nehmen. Auf dem Sterbebett wird er schließlich als Mensch anerkannt.

DIE QUASSELSTRIPPE UND DAS MULTITALENT: C3PO UND R2D2

Mit am stärksten wird unser Roboterbild von den beiden Robotern aus dem Kinofilm *Krieg der Sterne* von 1978 geprägt: von der ewig quasselnden Nervensäge C3PO und dem fiependen Multitalent R2D2. Manchmal müssen die beiden ihre Besitzer aus brenzligen Situationen retten, aber ansonsten staksen und rollen sie durch die Szenen und bemühen sich, den Menschen bei ihren vielen Kämpfen nicht im Wege zu stehen. Die Feinde sind da fortschrittlicher: Der Imperator und sein getreuer Diener Darth Vader setzen im Kampf gegen Prinzessin Lea und ihr Gefolge auch Kampfroboter ein.

R2D2 gibt es mittlerweile nicht nur auf dem Bildschirm, sondern auch in echter Gestalt: In Originalgröße und mit vielen Funktionen vom CD-Spieler bis zum Beamer kann man sich R2D2 als Multimediaanlage ins Wohnzimmer stellen.

Stehen den Guten bei: C3PO und R2D2

DIE WALDHÜTER: DEWEY, HUEY UND LOUIE

Eine gewisse Ähnlichkeit mit R2D2 haben die kleinen Roboter Dewey, Huey und Louie aus dem Film *Lautlos im Weltraum*, der jedoch sieben Jahre vor *Krieg der Sterne*, im Jahr 1971, gedreht wurde. Die drei Roboter verrichten zunächst Routinearbeiten auf einem Raumschiff, das als eine Art moderner Arche Noah unter drei großen Glaskuppeln Wälder mit sich führt, um die Pflanzen vor dem Aussterben zu bewahren. Als die Mannschaft den Befehl erhält, das Projekt zu beenden und nach dem Absprengen der Glaskuppeln zur Erde zurückzukehren, dreht einer der vier Astronauten durch. Anders als seine Kollegen liebt er die Natur und will die Wälder um jeden Preis erhalten. So tötet er einen Kollegen und schießt die anderen beiden mit einer Kuppel ins All.

Um das Raumschiff weiterhin bedienen zu können und um etwas Gesellschaft zu haben, programmiert er die drei Roboter um: Jetzt können sie sein verletztes Bein operieren, mit ihm pokern und die Wälder pflegen. Von den Robotern, die sich etwas unbeholfen auf zwei Beinen fortbewegen, geht Louie bei Außenarbeiten am Raumschiff verloren. Als das Raumschiff schließlich von einem Suchtrupp aufgespürt wird und der Astronaut keinen Ausweg mehr sieht, sprengt er sich mit Dewey, der vorher bei einem Unfall beschädigt wurde, in die Luft. Übrig bleibt Huey, der in der letzten Glaskuppel weiter den Wald pflegt – auf einer Reise ohne Ziel.

DIE ZERSTÖRER: BERSERKER

Eine Sonderstellung nehmen die Geschichten des Autors Fred Saberhagen ein. Im Gegensatz etwa zu Isaac Asimov, der von Menschen konstruierte, programmierte und beherrschte Roboter beschrieb, dachte sich Saberhagen die Berserker aus: gewaltige, uralte Killermaschinen, die das All auf der Suche nach Leben durchstreifen, um es auszulöschen. Die Berserker sind vor Tausenden von Jahren von einer fernen Zivilisation für den Kampf gegen ihre Feinde geschaffen worden. Doch die Berserker gerieten außer Kontrolle und vernichteten auch ihre eigenen Schöpfer. Danach machten sie einfach immer weiter. Für sie ist jedes Leben »schlechtes Leben«. Und dieses »Badlife« muss zerstört werden.

Spannend sind die Geschichten Saberhagens vor allem deshalb, weil der Autor die Berserker sehr konsequent als intelligente, aber völlig seelenlose Roboter beschreibt, die mit kalter Logik handeln. Wenn sie zum Beispiel auf Menschen treffen und sie nicht sofort töten, dann nur deshalb, damit sie mit ihrer Hilfe später noch mehr Menschen finden und töten können. So fangen sie manchmal Menschen, die sie als »Goodlife« dulden und versorgen, um Sprache und Verhalten der Menschen studieren zu können.

Den Roboter zum Gärtner gemacht: Dewey und Huey lernen pflanzen.

DIE KAMPFMASCHINE: TERMINATOR

Als ein Berserker in Menschengestalt kann der Terminator gelten. Der T-800 Modell 101, in den Filmen von Arnold Schwarzenegger gespielt, ist ein Kampfroboter im Jahr 2029. Seine einzige Aufgabe besteht darin, Menschen zu »terminieren«, also zu töten. Mithilfe der äußerlich menschenähnlichen Terminator-Roboter will sich das Computersystem Skynet die Herrschaft über die Erde sichern. Da taucht John Connor auf, ein kampferprobter Mann, der die Menschen vor dem Untergang bewahrt und die Roboter an den Rand der endgültigen Niederlage bringt.

Im ersten Film von 1984 schicken die Maschinen einen Terminator in die Vergangenheit, um die Mutter John Connors zu töten, noch bevor sie ihn auf die Welt bringen kann. John Connor gelingt es, einen Mitkämpfer in die Vergangenheit hinterherzuschicken, der die junge Sarah Connor beschützen soll. Im zweiten Teil von 1991 unternehmen die Maschinen einen erneuten Versuch, um ihren Untergang abzuwenden. Diesmal schicken sie ein weiterentwickeltes Robotermodell aus flüssigem Metall in die Vergangenheit, um den jungen John Connor zu töten. Gegen ihn tritt ein umprogrammierter Terminator an, der den Jungen retten soll. Im dritten Teil von 2003 muss sich der mittlerweile erwachsene John Connor gegen einen erneut weiterentwickelten Terminator in Gestalt einer Frau wehren. Seit 2008 gibt es die Fernsehserie *Terminator*. Im vierten Teil *Terminator: Die Erlösung*, der 2009 in die Kinos kam, siegen die Menschen endgültig.

Terminator,
hier noch böse,
bald aber gut

In den Filmen und der Serie steht die Bedrohung der Menschen durch die Roboter im Vordergrund. In ihrem Wunsch, immer leistungsfähigere Roboter zu konstruieren, haben die Menschen eine Grenze überschritten und die Kontrolle über die Maschinen verloren. Diese entziehen sich dem Zugriff der Menschen und entwickeln sich selbstständig weiter. Die Menschen stellen für sie eher eine Gefahr dar und müssen ausgeschaltet werden. Erst als es den Menschen gelingt, einen Terminator umzuprogrammieren, erfüllt zumindest dieser eine Roboter wieder seine eigentliche Aufgabe: den Menschen zu helfen und sie zu beschützen.

IMMER FLEISSIG

DIE SPEZIALISTEN DER ARBEIT

ES GIBT SIE SCHON HEUTE
IN GROSSER ZAHL:
ROBOTER, DIE UNS SCHWIERIGE,
MÜHSAME, LANGWEILIGE ODER
GEFÄHRLICHE ARBEIT ABNEHMEN.
SIE SCHUFTEN IN FABRIKEN,
FINDEN ALLEINE IHR ZIEL,
ERFORSCHEN FREMDE PLANETEN,
HELFEN ÄRZTEN BEIM OPERIEREN
ODER MÄHEN UNSEREN RASEN.

TEIL 2

Wenn Gewichtheber zum Wettkampf antreten, riecht es nach Schweiß und Magnesiumpulver. Mit Urschreien wuchten sie die Gewichtstangen in die Höhe, bis eine Sirene ertönt und das Gewicht zurück auf den Boden kracht. 263 Kilogramm war das größte Gewicht, das jemals ein Mensch auf diese Weise gestemmt hat.

Mitte Mai 2007 sollte im schwäbischen Rottweil ein neuer Weltrekord im Gewichtheben aufgestellt werden. Doch bei dem Spektakel ging es ganz anders zu als bei einem gewöhnlichen Wettkampf. Schon der Ort war eigenartig: Keine Sporthalle, sondern ein altes Kraftwerk bildete die Kulisse. Im historischen Gemäuer, das in buntes Licht getaucht war, tanzten Breakdancer zu wilder Musik, während Gäste aus aller Welt ihre Sektgläser für den großen Moment bereithielten. Auf einem roten Teppich stand der Athlet: ein in knalligem Orange lackierter Roboterkoloss, der aussah wie der übergroße Arm eines Bodybuilders. Sein Name: Titan.

Titan bei seinem
Weltrekord im
Gewichtheben

An die Spitze des Arms war eine Gewichtstange aus Stahl montiert. Auf einer großen Anzeigetafel erschien das aktuelle Gewicht der gigantischen Hantel: 949 Kilogramm … Die Gäste durften weitere Metallscheiben auflegen, bis das Rekordgewicht von 1000 Kilogramm erreicht war. Ein Knopfdruck – und im Blitzlichtgewitter der Fotografen setzte sich der kolossale Arm geschmeidig in Bewegung. Titan drehte die Gewichtstange, stemmte sie über sich und setzte sie unter dem Jubel der Gäste vorsichtig wieder ab. Der Weltrekordversuch war geglückt! Nie zuvor hatte ein Roboter dieses Typs ein so großes Gewicht gehoben.

GIGANT MIT PRÄZISION

Titan soll in Fabriken schwere Motoren, Maschinen, Stahlträger und andere Teile heben, für die man bisher zwei oder mehr Roboter gebraucht hat. Wenn sich der Arm waagerecht ausstreckt, reicht er 3,20 Meter weit, wenn er sich senkrecht nach oben richtet, sogar fünf Meter. Der Arm ist um sechs Achsen beweglich, so dass er jeden Punkt innerhalb seiner enormen Spanne gut erreichen kann. Und das mit unglaublicher Präzision: auf 0,2 Millimeter genau! Jede Achse wird von einem oder zwei starken Elektromotoren bewegt. Allein in seinem »Oberarm« steckt die Kraft von 100 Sportwagen. Besonders stolz sind Titans Entwickler darauf, dass er trotz seiner Kraft beinahe ein Leichtgewicht ist und so mit jedem normalen Kran gehoben werden kann: Er wiegt nämlich »nur« 4,7 Tonnen.

Auch wenn ein menschlicher Gewichtheber gegen Titan im direkten Vergleich keine Chance hat, sieht es beim relativen Vergleich schon anders aus: In der Bantamklasse, der leichtesten Gewichtsklasse bis 56 Kilogramm, liegt der Weltrekord bei 168 Kilogramm. Das heißt, die Athleten stemmen dreimal ihr eigenes Gewicht. Titan schafft dagegen lediglich ein Fünf-tel seines Gewichts. Umgerechnet bedeutet das: Wenn ein Kind, das 47 Kilogramm wiegt, zehn Kilogramm hebt, ist es – zumindest relativ – so stark wie Titan. Mittlerweile ist auch der Weltrekord von Titan geknackt: Der Schwerlast-Roboter M-2000IA/I200 der Firma FANUC soll I200 Kilogramm heben können – nicht von ungefähr trägt er den Namen Godzilla.

FÜR JEDEN FALL EIN EIGENER TYP

Titan wird von der Firma KUKA aus Augsburg gebaut. Sie wurde schon vor über hundert Jahren von Johann Josef Keller und Jakob Knappich gegründet, daher der Name KUKA: Er steht für »Keller und Knappich Augsburg«. Heute gehört KUKA zu den größten Roboterbauern der Welt und verkauft etwa 8000 Roboter jährlich. Doch nicht jeder ist ein Koloss wie Titan: Es gibt auch Zwerge mit nur vier Achsen, die ge-rade einmal 20 Kilogramm wiegen und nur fünf Kilogramm heben können. Insgesamt bietet KUKA 36 verschiedene Ty-pen an. Die meisten stehen auf dem Boden, manche hängen von der Decke oder fahren auf einer Schiene. Spezialausfüh-rungen sind komplett aus Edelstahl gefertigt, damit man sie gründlich putzen kann, was für keimfreies Arbeiten in der Medizin und bei der Herstellung von Lebensmitteln wichtig ist. Andere sind besonders hitzebeständig für das Bearbeiten heißer Teile.

KUKAs
Kleinroboter

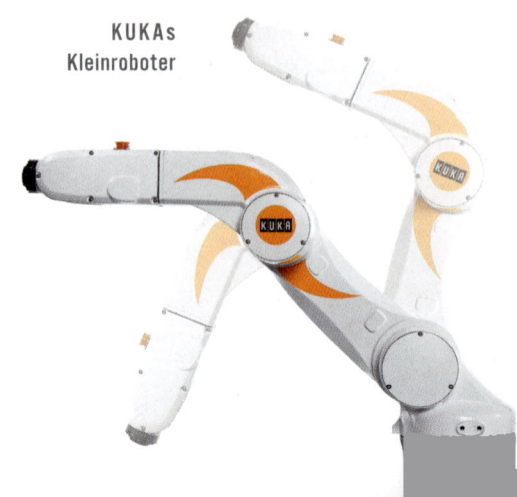

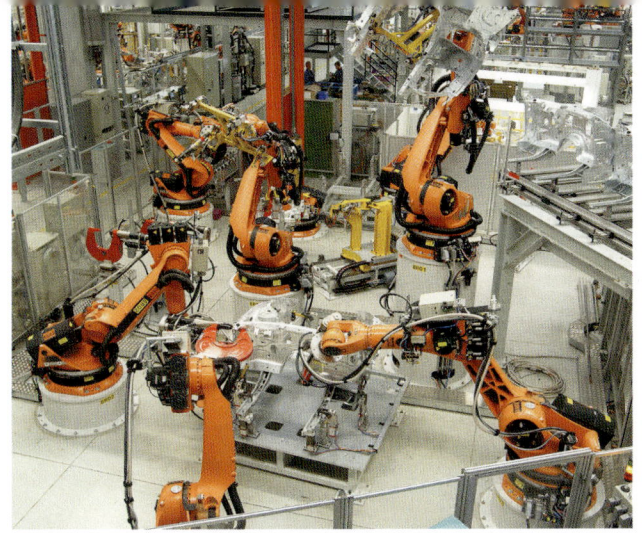

Industrieroboter
unter sich

Die Typenvielfalt ist auch nötig, denn heute werden Roboter in Fabriken für alle möglichen Arbeiten eingesetzt. Die meisten helfen in der Autoproduktion: Sie heben, biegen, schrauben, schweißen und lackieren die Karosserien, bauen Sitze und Fenster ein und vieles mehr. Allein im Jahr 2008 wurden weltweit über 100 000 Roboter verkauft. Alle neuen Roboter zusammen könnten also eine mittelgroße Stadt bevölkern. Von diesen 100 000 Stück gingen rund 40 000 in die Autoindustrie, 17 000 in die Chemische Industrie und 15 000 in die Elektroindustrie. Roboter werden auch für die Metallverarbeitung, die Maschinenherstellung, in der Lebensmittelindustrie und in anderen Branchen verwendet.

Das Land mit den meisten Robotern ist Japan: Von den über eine Million Industrierobotern, die zurzeit auf der Erde im Einsatz sind, stehen allein 350 000 in Japan, 160 000 in den USA und 140 000 in Deutschland. Damit hat Deutschland nicht nur die höchste Roboterdichte in Europa, sondern auch eine höhere Dichte als die USA: Weil in Deutschland weniger Menschen als in den USA leben, kommt bei uns ein Roboter auf 50 Arbeiter, in den USA dagegen einer auf 100. Offenbar lohnt sich der Einsatz von Robotern in Deutschland mehr als in den USA.

HELFER ODER JOBKILLER?

Experten glauben, dass Roboter Arbeitsplätze für Menschen erhalten, auch wenn man das Gegenteil annehmen sollte. Der Grund: Weil Firmen in Deutschland Roboter einsetzten, konnten sie mit niedrigeren Kosten produzieren und gegen Konkurrenten aus anderen Ländern bestehen. Andernfalls hätten die Firmen ihre Autos, Maschinen und anderen Produkte schon längst in Ländern bauen müssen, die ihren Arbeitern niedrigere Löhne zahlen. Dann wären vielleicht noch mehr Arbeitsplätze verloren gegangen. Außerdem sind in den Fabriken neue Jobs entstanden für Menschen, die sich um die Roboter kümmern müssen. Und schließlich sind die Arbeiten, die die Roboter verrichten, meistens langweilig, gefährlich oder sehr anstrengend: immer dieselben Schrauben eindrehen, giftige Lacke aufsprühen oder Paletten mit Getränkekartons beladen.

Angefangen hat die Geschichte der Industrieroboter mit der amerikanischen Firma Unimation. Der Name setzte sich aus den beiden Begriffen »universal«, was so viel heißt wie universell oder allgemein, und »automation« zusammen. Bevor die Gründer der Firma, zwei von Science-Fiction begeisterte Ingenieure, ihre Idee eines Roboters in die Tat umsetzten, gingen sie in Fabriken, um herauszufinden, wozu man Roboter überhaupt brauchen könnte. Denn es war klar, dass ihre

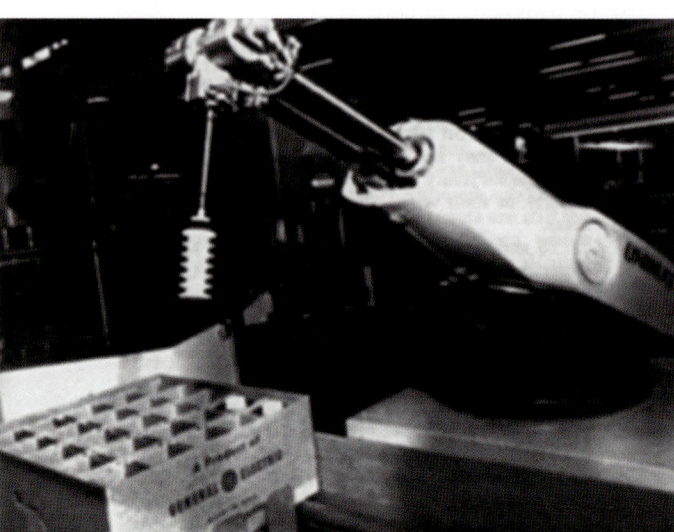

1961: Unimate bei General Motors, der erste Industrieroboter im Einsatz

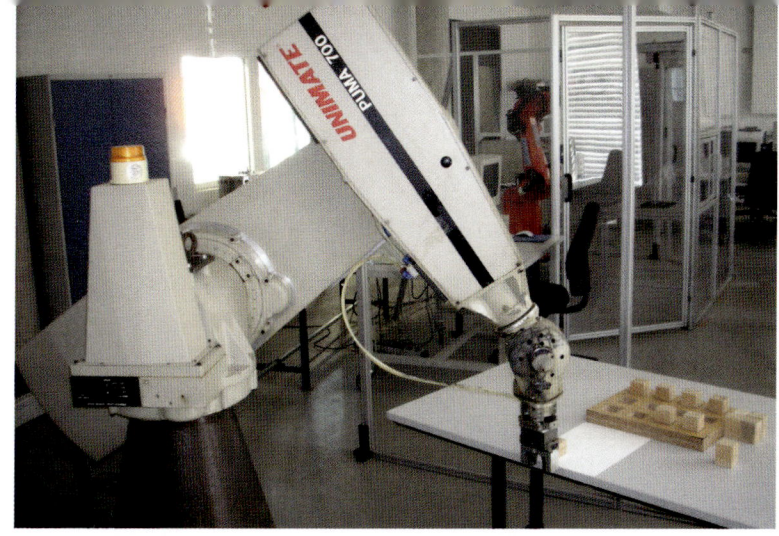

Firma nur dann Erfolg haben würde, wenn es für ihre Erfindung auch Käufer gäbe. Ihr erstes Produkt war ein einarmiger
Zwei-Tonnen-Koloss mit dem Namen Unimate, der im Jahr
1961 auf den Markt kam. Unimate half in der Produktion, wo
er Teile hochhob und an anderer Stelle wieder ablegte. Seine einfache Programmierung war auf einer Magnettrommel
gespeichert, denn Computer, wie wir sie heute kennen, gab
es damals noch nicht. Jede Bewegung von Unimate war im
Vorhinein festgelegt.

Unimate löste einen Boom aus. Nur zwölf Jahre nach seiner
Einführung gab es weltweit 71 Firmen, die Roboter entwickelten. Entsprechend groß waren die Fortschritte: 1969 erfand
ein Forscher an der Stanford University einen sechsachsigen
Arm, der viel beweglicher war als Unimate. Damit konnte man
Robotern auch schwierigere Aufgaben geben. 1973 wurde der
erste Roboter von einem Computer gesteuert. Im selben Jahr
brachte auch die deutsche Firma KUKA ihren ersten Roboter
mit dem Namen Famulus auf den Markt. Einen Durchbruch
bedeutete der Roboterarm PUMA, was für »Programmable
Universal Machine for Assembly« stand, auf Deutsch »pro-
grammierbare universelle Maschine für die Fertigung«. Wie
der Name schon sagt, konnte PUMA für verschiedene Aufgaben programmiert werden.

ERST ERFOLGE, DANN PLEITEN

In den 1980er Jahren hatten die Roboter dann, so schreibt Daniel Ichbiah in seinem Buch *Roboter*, ihr »goldenes Zeitalter«. Es war jetzt allgemein üblich, dass Fabriken ihre Fertigung nach Möglichkeit auf Automatisierung umstellten. Entsprechend viele Roboter wurden damals verkauft, vor allem an die Automobilindustrie. Volkswagen zum Beispiel setzte in der Montage der Golf-Modelle ganz auf Roboterhilfe.

Doch dann blieben die Erfolgsmeldungen aus den Entwicklungslabors der Roboterfirmen erst einmal aus. Der Verkauf stockte, weil sich Industrieunternehmen gut überlegen mussten, ob sich eine Automatisierung für sie wirklich lohnte. Denn obwohl die Roboter der ersten Generation ziemlich teuer waren, konnten sie relativ wenig und arbeiteten teilweise ungenau. Außerdem waren sie schlecht angesehen, weil sich die Menschen Sorgen um ihre Arbeitsplätze machten. Wurden 1990 noch 90 000 Stück weltweit verkauft, waren es drei Jahre später nur noch 53 000. Die Folge war, dass viele Roboterfirmen pleitegingen.

Aber die Entwickler blieben nicht untätig: Sie tüftelten bereits an Robotern einer neuen Generation, die mithilfe von Sensoren ihre Umwelt wahrnehmen und deshalb auch Dinge sortieren und auf Fehler überprüfen konnten. Außerdem machte die Computertechnik große Fortschritte, was den Robotern zugutekam. Sie wurden viel genauer, stärker, schneller – und auch günstiger. Das führte dazu, dass es sich für die Industrie um das Jahr 2000 wieder lohnte, neue Roboter zu kaufen.

Jetzt sind die Roboter der dritten Generation an der Reihe. Nach den ersten Industrierobotern, die nur einfache Hebe- und Schweißarbeiten erledigten, und der zweiten Generation mit ihrer intelligenteren Steuerung lassen sich die Roboter der heutigen dritten Generation immer leichter bedienen und für immer unterschiedlichere Aufgaben einsetzen – bis hin zum Heben von Teilen, die 1000 Kilogramm schwer sind.

55

Der Land Rover wurde ungeduldig und scherte aus, um am Chevrolet Tahoe vorbeizuziehen. Als der Rover nach dem Überholmanöver zurück auf die Spur zog, fuhr auch der Chevrolet an, und die beiden stießen zusammen. So weit, so unaufregend. Solche Szenen spielen sich jeden Tag tausendfach auf unseren Straßen ab. Und doch war die Szene ganz und gar außergewöhnlich: Erstens, weil nach der Kollision alles ruhig blieb – keine Autotür sprang auf und kein Fahrer stürzte heraus, um den anderen Fahrer zu beschimpfen. Der Land Rover setzte einfach zurück, und beide Autos fuhren weiter. Zweitens, weil der Unfall keinen Schaden verursachte – die Autos fuhren während des Crashs bestenfalls Schritttempo. Drittens, weil die beiden sich gerade ein Wettrennen lieferten, bei dem das gigantische Preisgeld von zwei Millionen Dollar zu gewinnen war. Und viertens, weil die Autos keine Fahrer hatten.

Siegerauto Boss
bei der
Grand Challenge 2007

Der Rover und der Chevy nahmen mit neun anderen Fahrzeugen an einem Rennen für selbstständig fahrende Autos teil, der Grand Challenge, übersetzt, die »große Herausforderung«. Die Vehikel durften weder einen Fahrer haben noch ferngesteuert sein. Um den Weg ins Ziel zu finden und Hindernissen auszuweichen, waren die Fahrzeuge ganz auf sich allein gestellt. Wie sie das machten, war ihre Sache. Veranstaltet wurde das Rennen von der DARPA, der »Defense Advanced Research Projects Agency«, der Forschungsabteilung des US-amerikanischen Verteidigungsministeriums, und zwar in den Jahren 2004, 2005 und 2007.

Dass sich das US-Militär so brennend für automatische Autos interessiert, geht auf eine politische Entscheidung zurück: Im Jahr 2015, so will es der US-Kongress, sollen in einem Drittel aller Kriegsfahrzeuge keine Soldaten mehr sitzen. Die DARPA plant außerdem, alle »dull, dirty or dangerous tasks«, also alle stumpfsinnigen, schmutzigen oder gefährlichen Aufgaben, langfristig von Maschinen erledigen zu lassen. Solche Maschinen sind dann umso nützlicher, je besser sie sich selbstständig orientieren und in fremdem, unwegsamem Gelände zurechtfinden können. Deshalb sind gerade die Roboterautos so interessant für die Militärstrategen.

Alle Größe war vergebens: TerraMax blieb bei der DARPA Grand Challenge 2004 nach zwei Kilometern liegen.

MÜHSAMER BEGINN

Aber aller Anfang ist schwer: Die erste Grand Challenge im Jahr 2004 war ein Reinfall. Kein Fahrzeug erreichte das Ziel. Obwohl das Rennen über 230 Kilometer gehen sollte, fiel auch das beste der 15 Fahrzeuge schon nach elf Kilometern aus. Dabei hatten sich die Veranstalter alle Mühe gegeben, es den Autos so leicht wie möglich zu machen: Der Parcours ging durch ein abgesperrtes Wüstengelände, es war also weder mit Verkehr noch mit anderen Hindernissen zu rechnen.

> Auch wurde alles aus dem Weg geräumt, was die Autos hätte irritieren können. So wie zum Beispiel einmal bei einer Testfahrt, als ein Farmer auf seinem Feld neben dem Weg Samen ausgestreut hatte: Die Samen lockten Vögel an, und die Vögel veranlassten das Auto zu einer Notbremsung. Daraufhin flogen die Vögel zwar auf, aber weil das Auto verwirrt war und nur ganz langsam weiterfuhr, ließen sich die Tiere wenige Meter weiter wieder nieder, und das Spielchen begann von vorne.

Bei der ersten Grand Challenge wurde deutlich, wie schwierig die Aufgaben in Wirklichkeit sind, die Millionen Autofahrer wie selbstverständlich bewältigen – und wie wenige Fehler sie dabei machen. Denn die Fehler waren das eigentliche Problem der automatischen Fahrzeuge: »Auch wenn sie 99 Prozent richtig machen, lässt sie das fehlende hundertste Prozent nach wenigen Kilometern an einen Baum fahren«, sagt Sebastian Thrun von der Stanford University in Kalifornien im Interview mit der Podcast-Sendung »Talking Robots«.

EIN AUTO NAMENS STANLEY

Thrun ist Direktor des Labors für Künstliche Intelligenz in Stanford. 2004 verfolgte er die Grand Challenge mit großer Neugier. Die Misserfolge seiner Kollegen aus den anderen Instituten weckten seinen Ehrgeiz. Das können wir besser, dachte er und machte sich daran, mit seinem Team selbst ein Auto zu konstruieren. Nach nur zwei Monaten hatten sie einen VW-Geländewagen, einen Tuareg, so umgebaut, dass er selbstständig fahren konnte. In Anlehnung an den Spitznamen der Universität nannten die Forscher ihr Fahrzeug »Stanley«, um über das Auto »wie über einen Freund reden zu können«, wie Thrun sagt.

Damit Stanley sich orientieren konnte, waren auf seinem Dach Laser-Scanner montiert, außerdem bekam er Kameras, ein Ultraschallgerät und ein GPS-Navigationssystem installiert. In seinem Kofferraum steckten mehrere Computer, die die Daten der Sensoren verarbeiteten und entschieden, was zu tun ist. Stanley das Kommando über die Lenkung, das Gas und die Bremse zu übergeben war relativ einfach, da heute

Stanley,
der Gewinner
der DARPA
Grand Challenge
2005

zwischen Fahrer und Auto ohnehin keine mechanischen Teile mehr vermitteln, sondern Elektrochips. Das heißt, wenn der Fahrer am Lenkrad dreht, wird diese Kraft nicht mehr über eine Welle auf die Räder übertragen, sondern elektronisch an einen kleinen Motor weitergegeben, der dann die Räder auslenkt. Ebenso ist es mit Gas und Bremse. Aus diesem Grund ist die Fensterkurbel bereits ausgestorben. Dass es im Auto immer noch Lenkrad und Pedale gibt, ist eigentlich pure Nostalgie, denn man könnte ein Auto genauso gut mit einem Joystick fahren. Die Forscher mussten sich also nur in die entsprechenden Schnittstellen einklinken und Stanley den virtuellen Joystick überlassen.

Beim Programmieren von Stanleys Bordcomputer folgte Thrun einem sogenannten probabilistischen Ansatz, der dem menschlichen Vorgehen recht nahekommt: Der Computer orientiert sich dabei zunächst an Landkarten oder anderen bekannten Informationen und reagiert dann flexibel auf die Umwelt, die die Sensoren wahrnehmen.

Als alles montiert und programmiert war, war Stanley aber noch längst nicht einsatzbereit. Es folgten Tausende Kilometer Testfahrten: Zwei Insassen, mit Helmen geschützt, steuerten Stanley in die Wüste, schalteten auf Automatik um, und beobachteten, was geschah. Einmal konnten sie gerade noch im letzten Moment den Notknopf drücken, sonst hätte sich Stanley samt Insassen über eine Klippe gestürzt. Wenn etwas nicht funktionierte, analysierten die Forscher das Problem und versuchten, den Fehler in der Software zu beheben. Als sie ihre Fortschritte Reportern einer großen US-amerikanischen Zeitung, der *New York Times*, vorführen wollten, lief Stanley zwei Stunden lang ohne Probleme. Aber dann fuhr er wegen eines winzigen Softwarefehlers an einen Baum – was in der Wüste allerdings schon wieder ein Kunststück ist. Der Artikel jedenfalls überschlug sich nicht gerade vor Begeisterung.

Boss und Konkur-
renten bei der Urban
Challenge 2007

Auch wenn diese Generalprobe misslang, die anschließende
Premiere wurde ein voller Erfolg: Stanley gewann die Grand
Challenge 2005. Nach ihm kamen noch vier weitere Autos
ins Ziel. Stanley bewältigte die 210 Kilometer in sechs Stunden und 53 Minuten, also mit einer Durchschnittsgeschwin-
digkeit von 30,5 km/h. Eine tolle Leistung, aber im Vergleich
mit einem Menschen auf dem Fahrrad hätte er noch den
Kürzeren gezogen: Lance Armstrong war beim schnellsten
Tour-de-France-Sieg der Geschichte im Jahr 2005 mit durchschnittlich 41,7 km/h unterwegs.

MIT KÜHLEM KOPF IM STRASSENVERKEHR

Für die nächste Grand Challenge im Jahr 2007 legte die DAR-PA die Messlatte deutlich höher: Auf einem ehemaligen Militärgelände sollte diesmal in weniger als sechs Stunden ein 100 Kilometer langer Straßenparcours gefahren werden, und zwar mit allem, was zum normalen Verkehr dazugehört: mit anderen Verkehrsteilnehmern, mit Kreuzungen, mit Kreisverkehr und sogar mit der Aufgabe, rückwärts einzuparken. Insgesamt mussten 19 knifflige Situationen gemeistert werden. Auch Team Stanford war wieder mit von der Partie, diesmal mit Stanleys Nachfolger Junior, einem umgebauten VW Passat. Obwohl Junior seine Sache prima machte, wurde er nur Zweiter. Der Grund: Er geriet in einen Verkehrsstau – vermutlich der erste Stau selbstständig fahrender Autos der Geschichte.

Interessant war, dass die elf Teilnehmer der Grand Challenge-Finalrunde 2007 in ihrem Verhalten tatsächlich so etwas wie unterschiedliche Persönlichkeiten zeigten. Wohl deshalb, weil die Programmierer den Fahrzeugen ihren eigenen Fahrstil beibrachten. So fiel der spätere Sieger, der Chevrolet Tahoe mit dem Spitznamen Boss von der Carnegie Mellon University in Pittsburgh, durch seine energische Fahrweise auf. Er fuhr zackig an, bog beherzt in Kreuzungen ein und scheute sich nicht vor Vollbremsungen. Junior dagegen agierte vorsichtiger: So steckte er geschlagene 20 Minuten in dem Stau fest, bis er sich endlich traute, zu überholen.

Shelley, der
schnellste Roboter
auf vier Rädern

Solches Zaudern ist einem anderen autonomen Fahrzeug der Stanford University völlig fremd: Ende 2009 jagte ein unbemannter Audi TTS namens Shelley mit 210 km/h über einen Salzsee in den USA – Weltrekord! Doch damit geben sich die Entwickler noch längst nicht zufrieden: Schon 2010 soll Shelley die 20 Kilometer lange, legendäre Rallyestrecke Pikes Peak mit ihren 156 engen Kurven erklimmen. Mit seinem Geschwindigkeitsweltrekord ist Shelley ein würdiger Nachfolger von Stanley und Junior.

KRIEG DER ROBOTER

All das sind wichtige Erkenntnisse für die Militärstrategen, die eines Tages selbstständig fahrende Autos in Krisengebiete schicken wollen. Ein Fahrzeug, das die Carnegie-Mellon-Forscher im Auftrag der DARPA konstruieren, trägt den unfreundlichen Namen Crusher, zu Deutsch: Zermalmer. Das flache Ding mit den sechs riesigen Rädern sieht aus wie eine Kreuzung aus Panzerfahrzeug und Lastwagenanhänger. Mit sechs Tonnen Gewicht und mit bis zu 42,5 km/h durchpflügt Crusher das Gelände, stürzt sich in Wassergräben und walzt junge Birken nieder wie Strohhalme. Dank seiner extrem beweglich aufgehängten Räder kann sich Crusher selbst eine Betonwand von etwa einem Meter Höhe hinaufwuchten.

Die Selbstständigkeit solcher Fahrzeuge geht sogar so weit, dass manche nicht einmal mehr Treibstoff tanken müssen: Im Projekt »EATR«, das für »energetisch autonomer taktischer Roboter« steht, aber auch als »eater«, also »Esser«, gelesen werden kann, werden pflanzenfressende Roboter entwickelt. Mit 75 Kilogramm verdautem Pflanzenmaterial sollen die Vehikel bis zu 160 Kilometer weit fahren können. Tierische oder gar menschliche Kost rühren die Roboter bestimmt nicht an, wie der Hersteller Cyclone Power Technologies versichert.

Im Grunde ist der Einsatz von Kriegswerkzeug, das bis zu einem gewissen Grad selbstständig handelt, nicht neu: Lasergelenkte Raketen, die selbst ihr Ziel suchen, wurden bereits im Golfkrieg im Jahr 1991 eingesetzt. Die Bilder von punktgenau zerstörten Stellungen der Feinde gingen damals um die Welt und ließen die US-Militärs von »smart bombs« oder »intelligenten Waffen« reden. Auch wenn sich die Generäle bemühten, nur Erfolge zu zeigen, konnten sie nicht verheimlichen, dass immer wieder Menschen versehentlich getötet wurden. Auch solche »Pannen« sind nicht neu: Schon drei Jahre zuvor waren 290 Menschen gestorben, als das Verteidigungssystem Aegis eines US-amerikanischen Kriegsschiffs einen harmlosen Airbus mit einem iranischen Kampfflugzeug verwechselte und abschoss.

Crusher
im Gelände

Auch wenn sich seit damals die Technologie weiterentwickelt hat, wäre es für die eigenen Soldaten immer noch viel zu gefährlich, einen Roboter mit Waffen auszurüsten und ihn mitkämpfen zu lassen. Roboter, die à la *Star Wars* aus dem Arm Laserblitze abfeuern, gehören deshalb wohl noch einige Zeit ins Reich der Science-Fiction. Erste Vorstöße gibt es allerdings bereits: Der Warrior X700, den die Firma iRobot mit dem Waffenhersteller Metal Storm entwickelt hat, ist ein kleines Kettenfahrzeug mit vier Kanonen, aus denen auch tödliche Schüsse abgegeben werden können.

ZUM SCHUTZ DER EIGENEN SOLDATEN ...

Die Zukunft der Militärroboter wird dennoch wohl überwiegend darin bestehen, die Soldaten nicht zu ersetzen, sondern ihnen zu helfen: etwa als Späher, Lastenträger und Minensucher. Neben Fahrzeugen wie Crusher wird eine Vielzahl weiterer Modelle entwickelt und erprobt. Der Precision Urban Hopper zum Beispiel fährt normalerweise auf vier Rädern, kann sich aber mithilfe eines Sprungbeins über siebeneinhalb Meter hohe Zäune und Mauern katapultieren, um sich auf der anderen Seite umzusehen. Den Feind aus der Luft auskundschaften sollen etwa sogenannte Drohnen, unbemannte Flugobjekte vom Mini-Hubschrauber bis zum insektengroßen Flugzeug. Als Lastenträger kämen zum Beispiel hundeähnliche Kreaturen in Frage, wie BigDog, von dem im Kapitel über Bewegung noch die Rede sein wird. Minensucher spüren und entschärfen vergrabene Bomben – notfalls, indem sie sich selbst in die Luft sprengen.

Kann auch mit Kanonen bestückt werden: Kettenfahrzeug von iRobot

Eines darf man dabei nicht vergessen: Auch wenn solche Roboter vordergründig Menschenleben schützen sollen, ist damit immer nur das Leben der eigenen Soldaten gemeint. Denn Militärroboter sollen helfen, einen Krieg effektiv zu führen, also bei möglichst geringen eigenen Verlusten den Gegner möglichst gründlich zu besiegen. Vielleicht führt die Technik deshalb am Ende dazu, dass die Kriege noch zerstörerischer werden.

... UND ZUM NUTZEN DER ZIVILISTEN

Eine positive Seite hat die Militärforschung aber: Es fallen dabei als sogenannte Spin-Offs auch Neuerungen für das zivile Leben ab. So hat seit jeher die Betreuung verwundeter Soldaten Ärzte auf neue Ideen gebracht, die dann auch der Zivilbevölkerung zugutekamen. Denkbar ist vieles: Bei einem Brand oder einem Erdbeben könnten Spähroboter eingesetzt werden, um Verletzte zu finden und mit ihnen Kontakt aufzunehmen. Robin Murphy von der University of South Florida, eine Expertin für Rettungsroboter, sagt hier schlangenähnlichen Robotern eine große Zukunft voraus. Helfen könnten Roboter auch beim Bekämpfen von Verbrechern, die zum Beispiel eine Bank überfallen und Geiseln genommen haben. Der in den USA entwickelte Robart, so etwas wie der zivile Vorgänger des Warrior X700, kann aus seinem Gewehrarm Gummikugeln abfeuern und damit immerhin Coladosen umpurzeln lassen sowie Pfeile mit Beruhigungsmittel abschießen. Allerdings erschrickt Robart zurzeit bestenfalls Laborbesucher, da er noch nicht für einen Einsatz im echten Leben gerüstet ist. So kann er beispielsweise nicht alleine aufstehen, wenn er umgefallen ist.

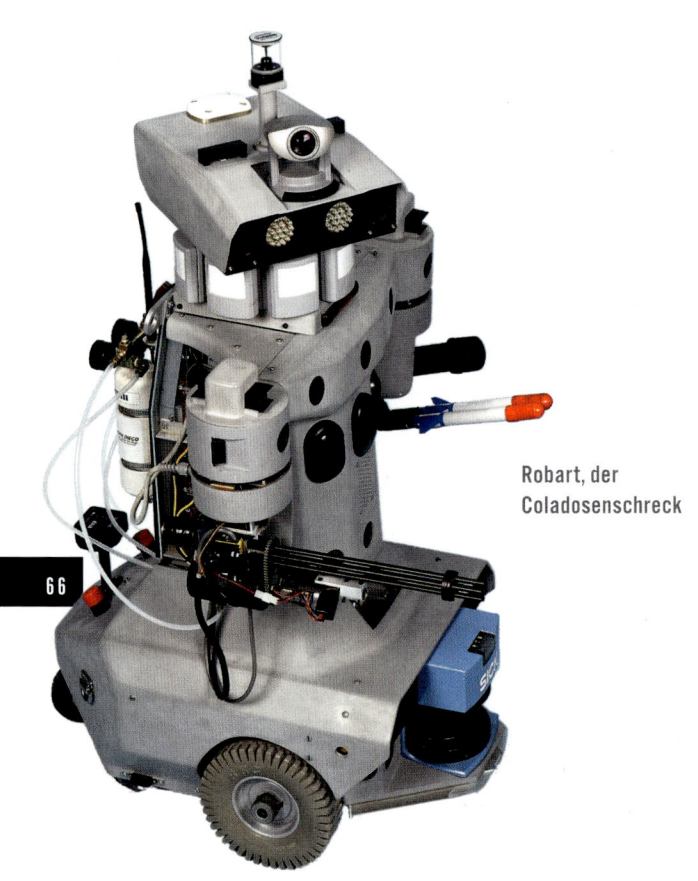

Robart, der
Coladosenschreck

Wenn Sebastian Thrun von der Stanford University gefragt
wird, warum er sich an der Grand Challenge beteiligt hat,
nennt er vor allem den Nutzen für den zivilen Straßenver-
kehr. »Ein Großteil der Verkehrsopfer ließe sich mit besse-
rer Technik vermeiden«, sagt er. Sie könnte den Fahrer vom
Einschlafen abhalten oder in kritischen Situationen bremsen.
Schon heute verhindern Computerprogramme, dass die Räder beim Bremsen blockieren, aber noch muss der Mensch
entscheiden, wann er auf das Bremspedal tritt. »Im Jahr 2030«,
prophezeit Thrun, »können Autos ganz alleine chauffieren.«

Wir schreiben das Jahr 2003. Ein Raumschiff der NASA hält Kurs auf den Mars. An Bord der Mission Mars Exploration Rover ist der Roboter Spirit, der ausgeschickt wurde, um den roten Planeten zu erkunden. Unser Nachbarplanet Mars ist eine bitterkalte, steinige Wüste, die die Menschheit dennoch fasziniert. Denn der Mars ist der erdähnlichste Planet unseres Sonnensystems, und die Frage, ob es dort Leben gibt, ist immer noch nicht geklärt. Nach sechs Monaten im All und einer interplanetaren Vollbremsung kommt Spirit wohlbehalten an. Drei Wochen später landet Spirits Zwilling Opportunity auf der anderen Seite des Mars. Die beiden Erkundungsroboter sollen eigentlich nur drei Monate lang Fotos schießen, die Landschaft vermessen, Steine und Sand analysieren – doch Ende 2009 sind sie immer noch aktiv.

Der Mars-Roboter Spirit

Der Schlüssel zum grandiosen Erfolg der Mission Mars Exploration Rover war die vollautomatische Landung. Die Ingenieure mussten das Kunststück fertigbringen, einen Roboter von der Größe eines Trampolins und dem Gewicht eines Tigers wohlbehalten auf einem viele Millionen Kilometer entfernten Planeten abzusetzen. Von den bisher 45 Missionen zum Mars sind mehr als die Hälfte gescheitert. Von denen, deren Ziel eine Landung auf dem Mars war, setzten etliche statt einer Landekapsel Abermillionen von Dollar in den Sand des roten Planeten. So zerschellte im Jahr 1999 die Kapsel der Mission Mars Climate Orbiter auf der Marsoberfläche, weil zwei NASA-Zentralen für die Berechnungen des Landemanövers verschiedene Längenmaße verwendet hatten: die einen Meter, die anderen Zoll.

SECHS MINUTEN TERROR

Für die Landung muss die Kapsel in nur sechs Minuten von knapp 20 000 km/h zentimetergenau auf beinahe 0 km/h abbremsen. Für diesen Gewaltakt ist eine mehrstufige Bremsaktion nötig: In den ersten vier Minuten drosselt die Reibung mit der Marsatmosphäre das Tempo auf 1600 km/h. Obwohl das Hitzeschild dabei mit 1500 Grad so heiß wie die Oberfläche der Sonne wird, bleibt die Temperatur im Inneren der Raumkapsel erträglich. Danach zündet ein Fallschirm, der die Kapsel aus der waagerechten in eine fast senkrechte Position bringt und auf 321 km/h abbremst. In den verbleibenden Sekunden bis zum Bodenkontakt blasen sich 24 Airbags auf, die die Kapsel vollständig umhüllen. In einer Höhe von 91 Metern fällt der Fallschirm ab, und es zünden Bremsraketen. Mit 48 km/h prallt die Kapsel auf die Oberfläche. Die Wucht des Aufpralls schleudert sie noch etwa 30-mal hoch, bis sie schließlich ausrollt und zum Stehen kommt. Die Wände der Kapsel klappen nach außen und bilden eine Rampe, auf der das Fahrzeug auf die staubige Oberfläche des Mars hinausrollt.

Landesequenz
der Mission Mars Exploration Rover

Wenn man sich dieses höllische Landemanöver vorstellt, das die NASA als »Sechs Minuten Terror« bezeichnet, wird eines klar: Ein Astronaut hätte das kaum überlebt. Menschen wohlbehalten zum Mars zu bringen, sanft abzusetzen und für Monate mit Luft und Nahrung zu versorgen ist für die nächsten Jahrzehnte undenkbar. Während bisherige Fahrzeuge auf dem Mars geblieben sind, soll zunächst 2017 ein unbemanntes Raumschiff wieder zur Erde zurückkehren und Bodenproben mitbringen. Frühestens 2037, so sehen es die Pläne der NASA vor, können Menschen den Mars besuchen. Roboter wie Spirit und Opportunity bilden sozusagen die Vorhut und erkunden den Planeten schon mal auf eigene Faust.

Auf dem Mars
geht die Sonne
blau unter.

SIND ROBOTER DIE BESSEREN ASTRONAUTEN?

Vielleicht werden sich die Pläne aber ändern. Vielleicht bilden Spirit und Opportunity nicht die Vorhut für Menschen, sondern die Vorhut für Roboter künftiger Generationen. Denn bis zum Jahr 2037 werden sich Roboter so viel weiterentwickelt haben, dass alle Vorteile, die man jetzt dem Menschen zuschreibt, dann nicht mehr gelten könnten: Nur der Mensch, sagen Befürworter einer bemannten Marsmission noch, könne besonders interessante Steine erkennen, auf unvorhergesehene Situationen reagieren und zur Not eine kaputte Ausrüstung reparieren. Außerdem entspräche es einfach der menschlichen Natur, neue Welten zu erobern.

Das ist Unsinn, meinen Kritiker. Der Mensch sei für ein Leben auf dem Mars ebenso wenig geschaffen wie dafür, auf den Händen zu laufen, sagt zum Beispiel Francis Slakey, ein Professor für Physik und Biologie an der Georgetown University in den USA. Menschen seien bei der Erforschung fremder Welten eigentlich eher im Weg: So würde ihre Atemluft und ihr ständiges Gewackel exakte Messungen stören.

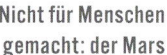

Nicht für Menschen gemacht: der Mars

Das Hauptargument gegen den Plan, Menschen auf den Mars zu schicken, sind aber letztlich die Kosten: Schon die unbemannte Mars-Exploration-Rover-Mission hat 265 Millionen Dollar gekostet. Das ist zwar viel Geld, aber immer noch lächerlich wenig im Vergleich zu dem, was eine bemannte Mission zum Mars kosten würde. Allein ein einziger Spaceshuttleflug zur erdnahen Raumstation kostet schon 450 Millionen Dollar. Dass sich die bemannte Weltraumfahrt lohnt, wie manche behaupten, findet Slakey absurd: Wenn man den ganzen Laderaum des Spaceshuttles, so rechnet er vor, mit 23 000 Kilogramm Konfetti füllen würde und sich die Konfetti im All auf wundersame Weise in pures Gold verwandeln würden, wäre der Flug immer noch ein dickes Minusgeschäft. Auch der Wissenschaftsautor Thomas Bührke sieht die Kosten kritisch: In seinem Buch *Lift Off* über die Geschichte der Raumfahrt schreibt er, dass man 100 Roboter zum selben Preis wie einen Menschen auf den Mars schicken könnte.

HÜPFER UND ROLLER

Es gibt also genug Gründe, die Forschung von Erkundungsrobotern voranzutreiben. Ein Thema der Entwickler ist die Fortbewegung: Während sich bisherige Fahrzeuge und mobile Roboter auf Rädern fortbewegen, arbeiten Ingenieure in der Schweiz an kleinen Hüpfrobotern, die wie Heuschrecken über Steine und andere Hindernisse einfach hinweghopsen können. Mit fünf Zentimetern Größe und nur sieben Gramm Gewicht kann ein Prototyp so einer mechanischen Heuschrecke 1,4 Meter hoch springen. Die Batterie reicht derzeit für 320 Sprünge aus. Denkbar ist, den kleinen Hüpfer für eine größere Reichweite mit Solarzellen auszustatten.

Rolling
in the wind:
Tumbleweed

Eine andere Fortbewegungsart testen NASA-Forscher: Sie
haben aufblasbare Bälle unterschiedlicher Größe entwickelt,
die, in ein paar Jahren vom stürmischen Marswind getrieben,
über die Oberfläche des roten Planeten trudeln sollen. Ein rollender Ball wäre viel simpler und daher billiger als ein räder-
betriebenes Fahrzeug. Derzeit wird die Alltagstauglichkeit in
der Antarktis und in Grönland geprüft. Das Fortbewegungs-
prinzip haben sich die Forscher von der Natur abgeschaut:
Der Ballon ist abgeleitet von den rollenden Strauchgebil-
den, die in einsamen Westernstädten durch die Straßen fe-
gen, weshalb der Marsball nach dem irdischen Strauch auch
»Tumbleweed« heißt. Im Inneren des Balls sitzen Sensoren.
Wenn sich der Wind legt, Tumbleweed sich an einem Felsen
verfängt oder gezielt Luft ablässt, um aus dem beweglichen
Ball einen plumpen Sack zu machen, können die Sensoren
den Boden untersuchen.

AUF DEM WEG IN DIE SELBSTSTÄNDIGKEIT

Wenn Roboter in den kommenden 30 Jahren immer selbst-
ständiger und kommunikativer werden, hören wir irgendwann vielleicht auch damit auf, von der menschlichen Besie-
delung ferner Welten zu träumen. Dann wären wir womöglich
zufrieden damit, dass nicht wir, sondern unsere Stellvertre-
ter fremde Planeten erkunden. Und vielleicht können die
Roboter dann, wie Francis Slakey vermutet, am Ende sogar
Helden sein.

Aber noch ist es nicht so weit. Zwar verfolgen Millionen von
Menschen gespannt die Erkundungsfahrten von Spirit und
Opportunity im Internet, als wären sie Astronauten, doch
die beiden Roboter kommen nicht ohne Kommandos von der
Erde aus. Dass sie den Mars »auf eigene Faust« erkunden, ist
also nicht ganz richtig. Ein Team von 50 bis 200 Experten kümmert sich rund um die Uhr um die beiden Erkundungsroboter
und sagt ihnen, was sie tun sollen. Wie sie es tun, ist dann
aber zum Teil ihre Sache. Eine gewisse Eigenständigkeit ist
allein schon deshalb notwendig, weil eine direkte Fernsteuerung über Funk gar nicht möglich ist: Ein Funksignal vom
Mars zur Erde ist bis zu 40 Minuten unterwegs. Wenn Spirit
also melden würde: »Achtung, ich steuere auf einen Abgrund
zu«, dann wäre er, wenn der Befehl für ein Ausweichmanöver
kommt, längst abgestürzt.

Ein zweites wichtiges Einsatzgebiet für Erkundungsroboter ist nicht so weit weg wie ferne Planeten, aber dennoch ziemlich schwer zu erreichen: unsere Ozeane. Für uns Menschen gibt es viele gute Gründe, die Ozeane zu kennen: Sie sind das größte Ökosystem der Erde. Sie dienen uns nicht nur als Mega-Fischteich, sondern produzieren auch die Hälfte des Sauerstoffs, beeinflussen die Temperatur auf der Erde und steuern das Klima. Doch was wir von ihnen kennen, ist vor allem die Oberfläche, die wir seit Menschengedenken mit Schiffen befahren. Über die Tiefsee aber wissen wir wenig.

Wie bei der Erkundung des Alls ist es viel aufwändiger, Menschen in die Tiefsee zu schicken, als Roboter. Die Belastungen in der Tiefsee sind zwar ganz anders als die im Weltall, aber für Menschen ist es dort ähnlich ungemütlich: Während im All beinahe Vakuum herrscht und deshalb ein Raumschiff ohne seine stabile Hülle wie ein Luftballon zerplatzen würde, lastet in der Tiefsee ein Druck auf der Bordwand, der tausendmal stärker ist als der an der Erdoberfläche. Dafür ist es in der Tiefsee mit Temperaturen um den Gefrierpunkt beinahe kuschelig im Vergleich zu den minus 270 Grad im Weltall. Natürlich liegen die Meere auch deutlich näher: Jeder Punkt der Tiefsee ist nur einen Katzensprung entfernt, verglichen mit den Weiten des Alls.

Das hat zur Folge, dass Tauchroboter selbst in über Tausenden Metern Tiefe an Kabeln hängen können, über die sie sich bequem fernsteuern lassen. Solche gelenkten Tauchroboter kommen schon seit etlichen Jahrzehnten zum Einsatz, ob zur Schatzsuche, zur Inspektion von Telefonkabeln oder zu Forschungszwecken. Das 1985 in 4000 Metern Tiefe gefundene Wrack der *Titanic* inspizierten seine Entdecker mit einem ferngesteuerten kleinen U-Boot, das sie von einem bemannten U-Boot aus ins Innere des Ozeanriesen über vier

Stockwerke lenkten. 1990 tummelten sich bereits über 1000 ferngelenkte U-Boote in den Meeren, vom tonnenschweren Koloss bis hin zum 20 Kilogramm leichten Mini-U-Boot.

Diese Beispiele zeigen noch einen weiteren Unterschied zwischen Meer und All: Im Grunde kann jeder, der ein Ruderboot und eine Taucherbrille hat, das Meer erkunden – zwar in bescheidenem Umfang, aber immerhin. Für einen Flug ins All, und sei es nur auf eine Höhe von 100 Kilometern, braucht man dagegen eine Rakete. Das bedeutet: Meeresforschung wird von allen möglichen Behörden, Instituten und Firmen mit den unterschiedlichsten Robotertypen betrieben, während es nur wenige Staaten gibt, die sich eine Weltraumforschung mit Satelliten, Sonden oder gar Fahrzeugen leisten.

Ein Tauchroboter wird zu Wasser gelassen.

U-BOOTE, DIE DEN WEG ALLEINE FINDEN

Neben den vielen ferngesteuerten U-Booten wurde in den 1960er Jahren dann ein erstes selbstständiges U-Boot entwickelt: ein sogenanntes AUV (Autonomous Underwater Vehicle). Nur 30 Jahre später, in den 1990er Jahren, gab es bereits 56 verschiedene Typen. In den vergangenen Jahren war der Bedarf an AUVs so groß, dass eine eigene Industrie entstand. Zu den Kunden zählen Forschung, Militär sowie die Öl- und Gasindustrie.

Mittlerweile sind AUVs so alltagstauglich, dass sie nicht nur in unzugänglichen Regionen wie der Tiefsee eingesetzt werden können, sondern auch in Gebieten, die für Menschen gut zu erreichen sind. Ein Einsatzbereich ist etwa die Vermessung des Meeresbodens mithilfe von Bojen, die ohne Verankerung trotz Wind und Strömung selbstständig ihren Kurs halten. Ein aktuelles Beispiel sind auch computergesteuerte Plattformen, die sich automatisch an die Wellenbewegung angleichen, und es so Wartungsteams einfacher machen, beispielsweise an Windkraftanlagen auf hoher See mit ihren Booten anzulegen. Auch Robotersegelschiffe, denen man nur noch das Ziel eingeben muss, haben ihre Tauglichkeit bereits mit einer Atlantiküberquerung bewiesen.

Ein Problem, das Weltraumfahrzeuge und AUVs gleichermaßen zu schaffen macht, ist die Energieversorgung. Während Raumfahrzeuge, die sich in der Nähe der Erde bewegen, ihre Energie aus Sonnenlicht gewinnen können, müssen Sonden, die in den äußeren Regionen des Sonnensystems und darüber hinaus forschen, andere Energiequellen nutzen, da das Sonnenlicht dort zu schwach ist. Entwickelt werden hierfür kleine Kernreaktoren, die ihre Energie aus dem Zerfall von Plutonium gewinnen. Für Meeresroboter wird eher darüber nachgedacht, die Energie von Wind, Wellen und Temperaturunterschieden anzuzapfen.

Der weitere Weg für Erkundungsroboter ist klar vorgezeichnet: Der Mensch hält sich bei der Fernsteuerung immer mehr zurück und überlässt die Roboter zunehmend sich selbst. Zukünftige Ahnenreihen großer Entdecker werden dann nach Kolumbus, Amundsen und Hillary vielleicht auch die Namen von Robotern aufführen.

Kommerzielle Tauchroboter, sogenannte AUVs, sind vielseitig einsetzbar.

Der neue Kollege wurde in der Klinik begeistert begrüßt: Als Robodoc im Herbst 1994 zum ersten Mal ein künstliches Hüftgelenk einsetzte, war die Euphorie groß. Der Roboter der US-amerikanischen Firma Integrated Surgical Systems fräste, sägte und bohrte den Hüftknochen eines Patienten millimetergenau auf, um einem künstlichen Hüftgelenk optimalen Halt zu geben. Mit einem sauberen Kontakt zwischen dem Stahlstift der Prothese und dem Knochen sollte das künstliche Gelenk besser einwachsen und sich später nicht mehr lockern. Schlecht sitzende Hüftprothesen waren bis dahin ein großes Problem: Durchschnittlich jeder zehnte Patient litt dauerhaft unter Gehbeschwerden und Schmerzen.

Mit Robodoc sollte eine neue Ära anbrechen – vorbei das Zittern, die Müdigkeit und schlechte Laune der Chirurgen. Drei Jahre nach dem ersten Einsatz von Robodoc sagte das *Deutsche Ärzteblatt* voraus, dass es nicht mehr allzu lange dauern werde, bis ein Roboter selbstständig operiert. Er wird sich mit dem Arzt, der die Operation auf einem Monitor verfolgt, über die nächsten Schritte nur noch beraten – von Kollege zu Kollege sozusagen.

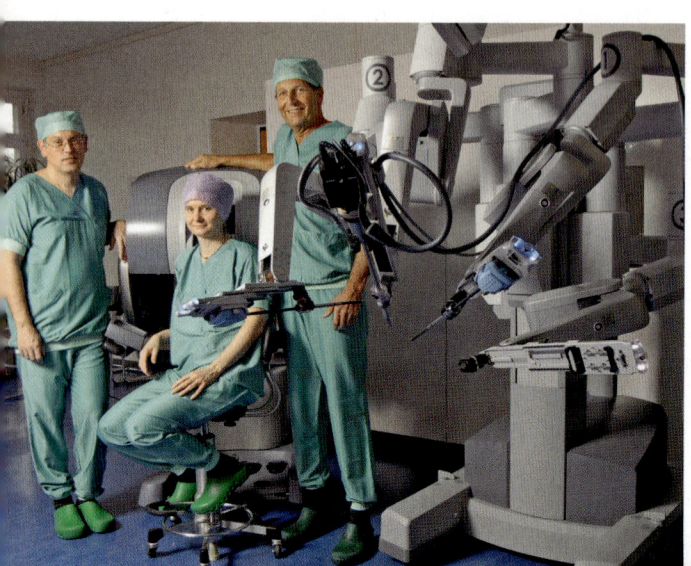

Operationsroboter
da Vinci mit
menschlichen Kollegen

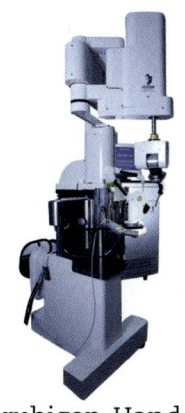

OP-Pionier
Robodoc

KLAGEN VON PATIENTEN

Doch die Freude über den Kollegen mit der ruhigen Hand hielt nicht lange an. Fünf Jahre nach dem ersten Einsatz zeigte sich, dass die Probleme in der Praxis doch gravierender waren, als es die Theorie versprochen hatte. Probleme gab es gleich an mehreren Stellen: Damit Robodoc sich orientieren konnte, mussten in einer zusätzlichen Operation Markierungspunkte an den Knochen angebracht werden. Zudem dauerte die Operation doppelt so lange, und die Hüfte musste in eine Art Schraubstock gespannt werden, damit Robodoc in Ruhe sein Loch bohren konnte. Dabei wurden offenbar Muskeln und Nerven schwerer verletzt, als man anfangs dachte.

Und es dauerte nicht lange, da meldeten sich Patienten, die unter Schmerzen litten und nur hinkend oder mit Krücken gehen konnten. Manche Patienten fühlten sich als Versuchskaninchen und klagten gegen die Klinik und den Hersteller. 2003 verlangten in Deutschland 150 Patienten vor Gericht Schadensersatz. Die Aktie von Integrated Surgical Systems rutschte daraufhin in den Keller, und plötzlich mussten sich nicht mehr die »rückständigen« Ärzte, die noch von Hand operierten, rechtfertigen, sondern die »fortschrittsgläubigen« Ärzte, die an Patienten eine neue Methode ausprobiert hatten. Nach 6000 Eingriffen – und damit der Hälfte aller Robodoc-Operationen in Deutschland – stellte auch die Frankfurter Klinik im Jahr 2004 wieder auf Handbetrieb um. Allerdings hieß es in einer Pressemitteilung trotzig: »Wir sind jedoch weiterhin von der Richtigkeit der Methode überzeugt.«

Nach Jahren des Prozessierens bekam die Klinik zumindest teilweise recht: Der Bundesgerichtshof entschied 2006, dass die Mediziner sich nicht falsch verhalten hatten, da die Operation mit dem Roboter keine schlechteren Ergebnisse liefere als die Methode ohne Roboter. Letztlich scheiterte Robodoc also nicht an seinen tatsächlichen Fähigkeiten, sondern an den unrealistisch hohen Erwartungen in seine Fähigkeiten. Heute ist Robodoc bei einer koreanischen Firma unter Vertrag.

Die Erfahrungen mit Robodoc haben zu einem Umdenken geführt. Während anfangs noch der selbstständige Roboterarzt vorhergesagt wurde, schrieb ein Experte im *Deutschen Ärzteblatt* 2001, dass ein »eiserner« Chirurg nicht machbar und auch nicht wünschenswert wäre. Auf absehbare Zeit wird also wohl der menschliche Arzt das Kommando behalten.

AM ANFANG WAR EIN KLEINES LOCH

Robodoc ist nicht der erste und einzige Operationsroboter. Dass die Chirurgen überhaupt bereit waren, ihr stolzes Handwerk einer Maschine anzuvertrauen, liegt an einem kleinen Loch. Vor einigen Jahrzehnten fingen die Ärzte nämlich an, bei ihren Operationen immer kleinere Öffnungen in Haut und Muskeln zu schneiden, weil kleine Wunden weniger Probleme machen und feine Narben weniger auffallen. Am Ende genügten ihnen statt großer Schnitte winzige Löcher.

Möglich wurde diese »Schlüssellochchirurgie« durch neue Geräte: dünne Stangen, an deren Ende eine Lichtquelle, eine optische Linse und ein Werkzeug sitzen. Diese Stangen steckten die Chirurgen in die kleinen Körperöffnungen und operierten damit, ohne direkt zu sehen, wo sie schnitten. Sie orientierten sich nur noch über das Bild, das die Linse auf einen Monitor spielte. Für einige Operationen ist die Schlüssellochchirurgie heute die übliche Methode.

Bald merkten die Ärzte, wie unbequem und anstrengend das Hantieren mit den langen Stangen ist. Mehrstündiges Operieren ist die reinste Tortur. Da der Chirurg ohnehin keinen freien Blick auf die Wunde hat, kam der Gedanke auf, die Führung der Stangen einem Roboter zu überlassen. Das war die Geburtsstunde der Roboterchirurgie: Der Chirurg dirigiert die Stangen wie in einem Computerspiel über Joysticks. Das Zittern seiner Hände wird dabei herausgefiltert.

Operationsroboter funktionieren nach dem sogenannten Master-Slave-Prinzip: Meister Arzt dirigiert, Sklave Roboter führt aus. Weil diese Roboter nicht eigenständig agieren, handelt es sich eigentlich nicht um Roboter im engeren Sinne, sondern um sogenannte Assistenzsysteme, die aber dennoch meistens als Roboter bezeichnet werden. Einige Systeme wurden schließlich bis zur Marktreife entwickelt. Einer der erfolgreichsten Operationsroboter ist da Vinci, ein tonnenschwerer Koloss, der 1998 Premiere hatte. Da Vinci besteht aus einem vierarmigen Operationsgestell und einer Steuerkonsole, an der der Chirurg sitzt. Über einen Monitor sieht er, was im Patienten geschieht. Die Hände des Chirurgen stecken in Halterungen, die seine Bewegungen auf die Roboterarme übertragen. Führt er die rechte Hand beispielsweise nach rechts oben, tut der Roboterarm dasselbe, presst er seine Finger aufeinander, greift auch das Werkzeug zu.

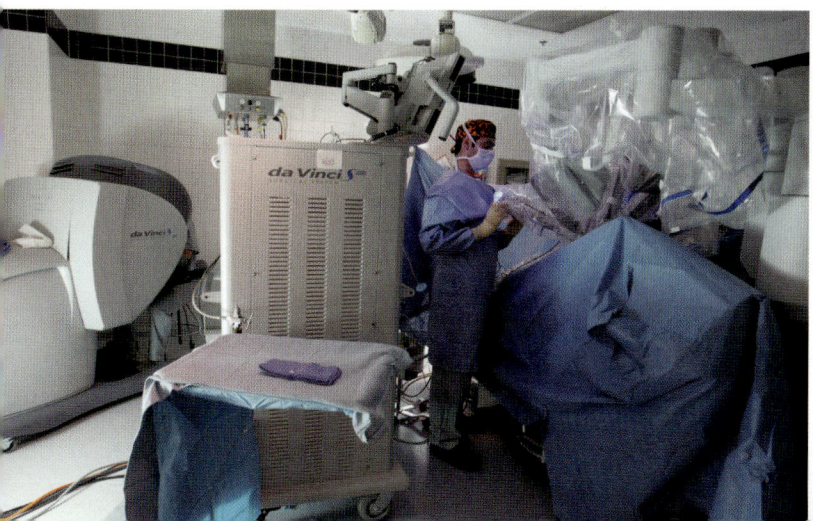

Gewaltige Geräte operieren durch ein winziges Loch.

AUS DER FERNE OPERIEREN

Die ersten Erfolge brachten die Ärzte gleich auf eine neue Idee: Wenn die eigentliche Operation ohne direkten Kontakt zwischen dem Chirurgen und dem Patienten ablief, wäre es doch unerheblich, ob ein Meter oder Tausende von Kilometern dazwischen lägen. Damit war das Konzept der Telemedizin geboren. Eine Idee, die der NASA und den Militärs besonders gut gefiel: Beide Organisationen waren an Möglichkeiten interessiert, Verletzte in unzugänglichen Regionen versorgen zu können. Also trieben sie die Forschung voran.

Am 7. September 2001 wagte ein Arzt das Experiment, von New York aus einen Patienten im europäischen Straßburg an der Galle zu operieren. Der Versuch gelang. Da es allerdings auch in Straßburg genug Ärzte gibt, ist die Telemedizin bis heute ein technisch mögliches, aber ziemlich unpraktisches und in den allermeisten Fällen auch unnötiges Verfahren geblieben. Auch eine andere Anwendung der Telemedizin hat sich bis heute nicht so recht durchgesetzt: die Zusammenarbeit weit entfernt lebender Ärzte. Die Möglichkeit, Kollegen aus aller Welt um aktive Mithilfe zu bitten, hat für den klinischen Alltag keine Bedeutung – schließlich haben die Experten mit ihren eigenen Patienten vor Ort genug zu tun.

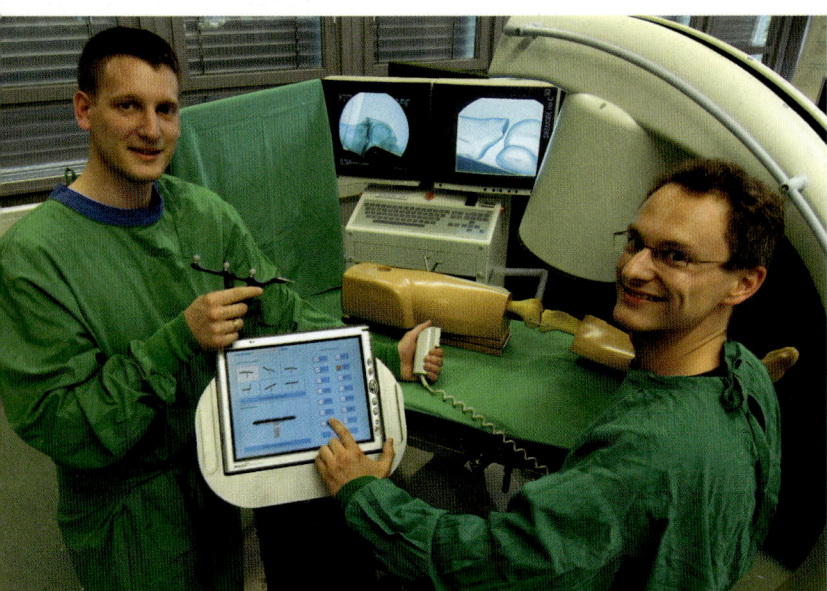

Ingenieure der RWTH Aachen entwickeln einen intelligenten Operationstisch.

WENN ES KLEIN UND KNIFFLIG WIRD

Obwohl also die Roboterchirurgie nicht immer das einlösen konnte, was man sich von ihr versprochen hat, konnte sie sich in einigen Bereichen einen Platz erobern oder wird ihn sich vermutlich noch erobern. Vereinfacht kann man sagen: Überall dort, wo sie nicht etwas schon Vorhandenes ersetzen, sondern wo sie wirklich neue Möglichkeiten erschließen, haben Robotersysteme eine Chance. Also vor allem dann, wenn es besonders klein oder knifflig wird oder der Chirurg besonders sorgfältig vorgehen muss.

¬ Ein Beispiel ist die Miniaturisierung. Die Bewegungen des Arztes können in einem beliebigen Maßstab verkleinert werden, so dass winzige Strukturen operiert werden können, die vorher nicht operierbar waren.

¬ Nach wie vor hilfreich sind die Roboter im Operationssaal als Assistenten, wenn es darum geht, in den unmöglichsten Stellungen geduldig und ohne zu ermüden Geräte und Schläuche in Position zu halten.

¬ Wenn schon Roboter nicht mehr selbst Löcher für Hüftprothesen bohren dürfen, können sie doch die Arbeit der Chirurgen kontrollieren. Weicht der Arzt vom idealen Weg ab, kann ihn der Roboter automatisch stoppen. So lässt sich zum Beispiel verhindern, dass der Arzt über den Knochen hinaus bohrt.

¬ Nicht mehr wegzudenken sind Computer und Roboter bei der Planung einer Operation: Sie machen Aufnahmen, erstellen daraus dreidimensionale Bilder und lassen den Chirurgen erst einmal ausprobieren, wie er am besten an Nerven, Blutgefäßen und anderen empfindlichen Strukturen vorbeischneidet.

¬ Solche Simulationsprogramme lassen sich auch hervorragend für die Ausbildung von Medizinstudenten nutzen.

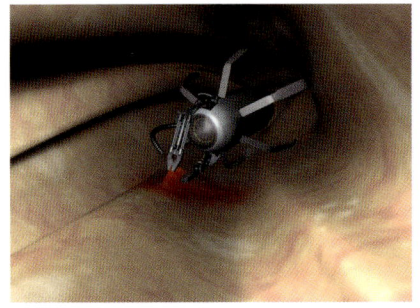

So könnte eine Endoskopiekapsel aussehen, die kranke Stellen im Magen und Darm entdeckt und gleich herausschneidet.

SPIONE IM KÖRPER

Roboter können auch direkt im Körper von Patienten Aufgaben übernehmen: Vor Kurzem wurde am Herzzentrum in Berlin einer Patientin mit einem angeborenen Herzfehler ein vollautomatischer Schrittmacherroboter eingepflanzt, der das Pumpen von drei Herzkammern aufeinander abstimmt. Die Ärzte hoffen, dass sich das heillos überanstrengte Herz der Patientin wieder erholt und keine Herztransplantation nötig wird.

Für manche Operationen soll man in Zukunft den Patienten gar keine Wunden mehr zufügen müssen. So sind Magen und Darm auch über den Mund gut erreichbar. Wie einen Bissen Brot sollen Patienten künftig kleine Kapseln schlucken, die mithilfe einer Kamera kranke Stellen im Magen oder Darm entdecken und mit ihren Kneifern, Zangen und Messern kleine Geschwüre an Ort und Stelle herausschneiden. Fortbewegen sollen sich die Roboterkapseln über kleine, ausfahrbare Füßchen. Noch sind solche Roboter nicht im Einsatz, aber im Projekt VECTOR arbeiten Forscher von 18 europäischen Instituten und Firmen und einem Institut aus Korea mit Hochdruck daran.

HALLO, DOKTOR RUDY!

Eine Klinik in den USA führte einen Roboterarzt ganz anderer Art ein: Er ist 90 Kilogramm schwer, 1,68 Meter groß und sieht aus wie ein aufrecht rollender Staubsauger mit einem Bildschirm obendrauf. Er heißt Rudy und soll Ärzten weite Wege in der Klinik ersparen und Patienten den Kontakt zu dem Arzt ermöglichen, der sie operiert hat. Rudy ist mit dem Kliniknetz drahtlos verbunden und mit Mikrofon und Lautsprecher ausgestattet. Wenn ein Arzt – ob von seinem Klinikbüro oder von zu Hause aus – nach seinem Patienten sehen möchte, kann er Rudy in das Zimmer des Patienten beordern. Dort erfasst Rudy die Daten des Patienten und lässt den Kopf des Arztes in echter Größe auf dem Bildschirm erscheinen. So können sich Arzt und Patient miteinander unterhalten.

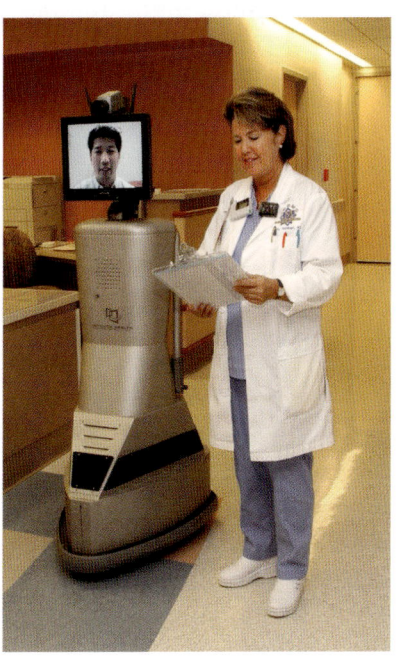

Rudy im Gespräch mit einer menschlichen Kollegin

Rudy wurde geboren, weil viele Patienten darüber klagen, dass sie ständig von anderen Ärzten besucht werden. Die Klinik machte die Probe aufs Exempel und untersuchte, wie es den Patienten mit Rudy geht. Sie teilten 270 Patienten, die alle die gleiche Operation bekommen hatten, in zwei Gruppen ein: Die einen wurden wie üblich von wechselnden Klinikärzten besucht, die anderen nur von Rudy, der den Kontakt zu ihrem Arzt herstellte.

Am Ende kam heraus, dass beide Gruppen gleich zufrieden waren und die Heilung in beiden gleich gut verlief. Nur jeder zehnte von Rudy besuchte Patient wollte in Zukunft doch lieber wieder einen direkten Arztkontakt haben. Dass Systeme wie Rudy den wichtigen Kontakt zwischen Arzt und Patient bedrohen, sei nicht zu befürchten, sagen die Autoren der Studie. Schließlich führte vor 100 Jahren die Einführung des Telefons zu ähnlichen Befürchtungen. Und trotzdem möchte heute niemand mehr auf das Telefon verzichten.

Trotz aller Erfolge nahm es mit Rudy kein gutes Ende: Der Arzt, der Rudy vor allem unterstützt hatte, wechselte in eine andere Klinik. Weil niemand mehr da war, der sich um ihn kümmerte, wurde Rudy wieder außer Dienst gestellt. Vielleicht hätte sich Rudy für neue Aufgaben fortbilden sollen, um in der Klinik noch eine Chance zu haben. Wie etwa die Roboterkollegen Care-o-bot 3 vom Fraunhofer-Institut IPA in München und HelpMate, die unter anderem Patienten die Tabletten bringen.

Rudys deutscher
Kollege Care-o-bot

ICH MASTER, DU SLAVE

Das Master-Slave-Prinzip ist bei Robotern auf den Kopf gestellt, die mit Patienten gehen oder greifen üben sollen. Denn hier gibt der Roboter vor, was der Mensch zu tun hat. Solche Roboter helfen Patienten nach einem Schlaganfall, einem schweren Sturz oder einem Verkehrsunfall – oder auch Kindern, die zum Beispiel durch Sauerstoffmangel während der Geburt nicht richtig gehen können. All diese Patienten müssen von Neuem lernen, ihre Arme und Beine zu steuern.

Normalerweise üben menschliche Ergotherapeuten mit solchen Patienten. Durch das Bewegen der Arme und Beine sollen die geschädigten Bewegungszentren im Gehirn wieder aktiviert werden. Wenn die Beine der Patienten nur leicht gelähmt sind, werden sie bei den Gehübungen von den Ergotherapeuten lediglich gestützt. Können die Patienten die Beine kaum mehr bewegen, stützen sie sich selbst auf einem Laufband an Holmen ab und zwei Therapeuten bewegen dazu die Beine der Patienten. Schwer kranke Patienten können sich fast gar nicht mehr bewegen. Hier sind die Therapeuten machtlos.

In allen drei Fällen können Roboter helfen und die Therapeuten in ihrer Arbeit entlasten. Dafür wurde zum Beispiel der Gehroboter Lokomat entwickelt: Der Patient hängt wie ein Fallschirmspringer in einem stabilen Gurt, der ihn vor dem Fallen bewahrt und seine Beine entlastet. Die Füße berühren den Boden, die Beine stecken in Gestellen. An den Gelenken sitzen seitlich Motoren, die die Beine wie beim Gehen bewegen.

In Studien hat sich allerdings gezeigt, dass menschliche Therapeuten besser abschneiden, weil sie den natürlichen, nie ganz gleichmäßigen Gang des Menschen eher unterstützen als Gehroboter, die einen recht starren Rhythmus abspulen. Doch als Ergänzung zur normalen Therapie und für zusätzliche Übungseinheiten sind Roboter sehr gut geeignet. Auch für die am schwersten geschädigten Patienten, bei denen Therapeuten machtlos sind, können Gehroboter einen Anfang machen: »Intelligente« Betten bringen den Patienten dabei in eine leichte Schräglage und bewegen dann seine Beine.

Der Gehroboter Lokomat
hilft Menschen,
wieder gehen zu lernen.

SIMULIERTE PATIENTEN

Auch in die Rolle von Patienten können Roboter schlüpfen: Solche »Robopatienten« lassen sich den Puls fühlen, die Atemgeräusche abhören, einen Schlauch in die Lunge zur künstlichen Beatmung legen und den Darm untersuchen. Wenn zum Beispiel Medizinstudenten den Roboter untersuchen oder behandeln, zeigt ein Monitor an, wie es dem »Patienten« dabei ergeht.

Auch außerhalb von Kliniken können Roboter kranken Menschen helfen: Kuschelroboter können Autisten aus ihrer eigenen Welt locken, und alte Patienten, deren Gehirn schwer abgebaut hat, geistig ein wenig anregen. Zudem gibt es seit Längerem Versuche, gebrechlichen und vergesslichen alten Menschen ein Leben in den eigenen vier Wänden mit Roboterhilfe zu ermöglichen. Der Roboter ist hier über die ganze Wohnung verteilt, der Mensch lebt sozusagen im Roboter. Kameras und Sensoren melden einem »Zentralgehirn«, ob es dem Menschen gut geht, ob er genug isst, seinen Briefkasten leert und seine Tabletten nimmt. Stimmt etwas nicht, ruft der Roboter Hilfe. So weit ist die Technik bereits.

In den Anfängen stecken dagegen die Versuche, einen echten Pflegeroboter zu entwickeln, der dem Menschen zum Beispiel aus dem Bett aufstehen hilft und ihn zur Toilette bringt. Dafür müssen die Roboter noch menschlicher werden – intelligenter, flexibler und beweglicher. Wie weit die Forscher heute sind und an welchen Problemen sie konkret arbeiten, wird in Teil 3 beschrieben.

Seit Bigmow sich um den Platz kümmert, kann der Sport-
verein VfL Theesen sogar mit dem benachbarten Proficlub
Arminia Bielefeld mithalten – zumindest, was die Qualität
des Rasens angeht. Bigmow ist ein Roboter, der selbstständig mäht, bei leeren Akkus zur Dockingstation zurückkehrt,
sich auflädt und weitermäht, bis der Rasen topp geschnitten
ist. Um Bigmow auf dem Platz zu halten, signalisieren ihm
schwache, in den Boden verlegte Stromkabel, wo er umkeh-
ren muss. In sieben Stunden ist Bigmow mit dem Mähen des
Fußballplatzes fertig. Dann hat er jede Stelle viermal aufge-
sucht. Die winzigen abgeschnittenen Grashalme bleiben liegen und düngen den Rasen. Die Gärtner vom Bielefelder Um-
weltamt sind von Bigmow begeistert. Jetzt haben sie mehr
Zeit, sich ausgiebiger um andere Flächen zu kümmern.

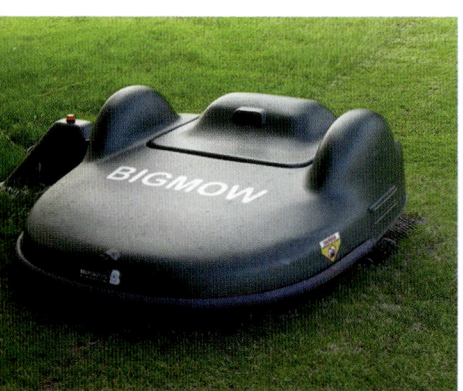

Der Mähroboter
Bigmow schafft
ein Fußballfeld in
sieben Stunden.

Mähroboter gehören zu den erfolgreichsten und am weitesten verbreiteten Robotern überhaupt. Während Bigmow mit seiner Mähbreite von gut einem Meter Golfanlagen, Parks und andere große Rasenstücke bis 20 000 Quadratmeter bewältigt, kümmern sich die kleinsten Modelle um private Gärten bis 500 Quadratmeter. Mittlerweile sind die Geräte so ausgereift, dass sie auch mit den kniffligsten Rasenformen zurechtkommen. Ein Abkömmling von Bigmow namens Ballpicker sammelt selbstständig Golfbälle ein: bis zu 400 mit einer Fuhre und bis zu 12 500 am Tag.

Die größten Unterschiede bei den Mährobotern gibt es im Preis: Ein Mähroboter kostet zwischen 1000 und 10 650 Euro. Ansonsten sind sie sich sehr ähnlich: Sie sehen aus wie Ufos auf Rädern, und sie laden ihre Akkus an einer Andockstation auf – ein Mähroboter der Firma Husqvarna ist sogar mit Solarzellen bestückt, die die Akkus länger halten lassen. Außerdem bringen die Mähroboter einen gewissen Grad an Intelligenz mit: Alle können Hindernissen ausweichen, manche stellen bei Regen das Mähen ein und – ganz wichtig – sie stoppen ihre Messer blitzartig, wenn sie irgendwo anstoßen oder wenn sie angehoben werden. Menschen und Tiere können deshalb praktisch nicht verletzt werden.

Gerade die Sicherheit sieht der Fachhändler Hans Rumsauer als ein großes Plus der Mähroboter. »Immer dann, wenn Mensch und Maschine zusammentreffen, wird es gefährlich«, sagt Rumsauer – meist für die Maschine, manchmal aber auch für den Menschen. Ein Mähroboter arbeitet so eigenständig, dass nach dem Installieren ein Kontakt zwischen Mensch und Maschine weitgehend überflüssig wird, also kann es auch kaum zu Verletzungen kommen.

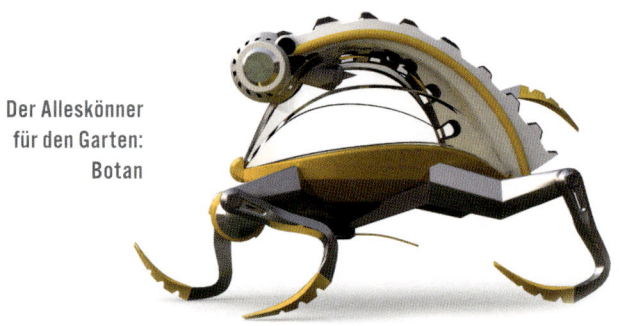

Der Alleskönner
für den Garten:
Botan

Johannes Diem, Student für Industrial Design an der Fachhochschule Graz, stellt sich den grünen Gartenhelfer ganz
anders vor: nicht als Schüssel auf Rädern, sondern als einen
Vierbeiner, der entfernt an einen Krebs erinnert. Der Botan
getaufte Roboter, der bislang nur im Computer existiert, soll
nicht nur mähen, sondern auch Schnecken jagen, Laub sau-
gen und Unkraut jäten.

BOOM DER HELFER

Geräte wie Bigmow zählen zu den Servicerobotern. Solche
Serviceroboter übernehmen im Haushalt oder in Firmen Aufgaben, die für Menschen zu mühsam, zu langweilig oder auch
zu gefährlich sind. Im Jahr 2004 waren weltweit bereits zwei
Millionen Serviceroboter im Einsatz. Im Jahr 2008 waren es
schon sieben Millionen, und zwischen 2009 und 2012 sollen
weitere zwölf Millionen dazukommen.
Der Verkauf und die Vermietung von Servicerobotern ist
mittlerweile ein lohnendes Geschäft. Manche Händler haben sich deshalb ganz auf Roboter spezialisiert. Die Firma
Robotstore beispielsweise verkauft und vermietet ihre Geräte über das Internet und über ihren Laden in Mannheim.
Robotstore bietet nicht nur Rasenmähroboter an. Zu ihrem
Sortiment zählen auch Haushaltsroboter, Poolroboter und
Überwachungsroboter.

PUTZTEUFEL FÜR ZU HAUSE

Ein Blechkamerad mit karierter Küchenschürze, der das Geschirr wäscht, der kocht, bügelt und putzt, schwebt vielleicht den meisten vor, wenn sie an Haushaltsroboter denken. Doch von diesem Ideal sind wir noch eine ganze Weile entfernt. Vor dem Jahr 2030 wird es so einen Roboter-Butler nicht geben, glaubt Hans Rumsauer. Derzeit beschränken sich die Fähigkeiten der Haushaltshilfen vor allem auf das Staubsaugen. Das klappt mittlerweile ganz gut. Das Topmodell von Robotstore, der RoboCleaner der Firma Kärcher, saugt im Test sogar feuchten, leicht in den Teppich einmassierten Zucker restlos auf. Dabei erkennt ein Schmutzsensor, welche Stelle besonders gründlich gereinigt werden muss. Der RoboCleaner fährt dann so lange hin und her, bis alles aufgefegt und aufgesaugt ist.

So arbeitet er sich durch die ganze Wohnung oder durch Büros. Wenn die Akkuladung zur Neige geht, findet er – wie die Rasenmäher – selbstständig zur Ladestation zurück. Dort lädt er nicht nur seine Akkus auf, er bläst auch seinen eingesammelten Schmutz in einen Staubsaugerbeutel, der in die Ladestation integriert ist. Andere Modelle, wie der Roomba der Firma iRobot, können das nicht. Sie kosten dafür nur zwi-

Der RoboCleaner
in der Dockingstation

Roomba saugt
die Wohnung.

schen 300 und 500 Euro, während man für den RoboCleaner gut 1100 Euro ausgeben muss. Clever sind die Geräte allemal: Mit ihrem optischen Sensor erkennen sie beispielsweise Treppenabsätze, was sie davor bewahrt, über die nächste Stufe hinunterzupoltern. Ein Schmutzsensor schlägt Alarm, wenn besonders viel Dreck eingesaugt wird, und lässt das Gerät die Stelle so lange bearbeiten, bis die Sensoren grünes Licht zur Weiterfahrt geben. Berührungssensoren verhindern, dass die Roboter zu heftig gegen Möbel rumpeln oder sich an Wänden festfahren – eine kleine Drehung, und weiter geht es in eine andere Richtung. Der RoboCleaner bringt es auf insgesamt 14 Sensoren.

Während Roomba und Kollegen Krümel, Haare und allen anderen losen Unrat aufsaugen, kann Roombas jüngstes Geschwister namens Scooba sogar feudeln: Scooba wischt glatte Böden feucht auf. Dafür genügt es, von Zeit zu Zeit eine Reinigungsflüssigkeit nachzufüllen und den Behälter mit Schmutzwasser zu entleeren.

Wischmob
auf Rädern:
der Scooba

Looj, der
Regenrinnenfeger

WÜHLER IN DER REGENRINNE

Saubermachen ist nicht nur lästig, sondern manchmal auch
ziemlich umständlich oder sogar gefährlich. Beispiel: die
Dachrinne von Blättern befreien. Wer in einem Haus wohnt,
in dessen Nähe Bäume stehen, kennt die Prozedur: Im Früh-
jahr und im Herbst haben sich so viele Blätter, Tannenzapfen
und Zweige in den Regenrinnen angesammelt, dass das Re-
genwasser nicht mehr richtig ablaufen kann und sich über
die ganze Breite der Regenrinne über die Hauswand ergießt.
Da hilft nur eins: Die große Leiter aus dem Schuppen holen
und die Regenrinne von Hand und in mitunter halsbreche-
rischen Aktionen ausputzen.

Der Looj von iRobot soll einem diese Arbeit abnehmen: Das
lang gestreckte Gefährt sieht aus, als hätte man einen Pan-
zer mit einem Propellerflugzeug gekreuzt. Die Raupenräder
lassen es vor und zurück fahren, der Propeller mit den beiden langen Gummiflügeln und den Borsten schleudert allen
Unrat aus der Rinne. Gesteuert werden muss der Looj allerdings per Fernbedienung, weshalb er im engeren Sinne kein
Roboter ist. Außerdem funktioniert der Looj nur in eckigen
Regenrinnen.

Schrubbt Kacheln,
filtert Wasser:
Poolroboter Verro

Nicht ganz so gefährlich, aber ebenso unangenehm ist das Reinigen eines Swimmingpools. Die Wände müssen geschrubbt, das Wasser gefiltert, die Oberfläche von Blättern und Insekten befreit werden. Das alles erledigen Poolroboter, zum Beispiel Verro von iRobot. An die Steckdose anschließen, ins Wasser setzen, fertig. Um den Rest kümmert sich Verro: Er kriecht über den Boden, fährt senkrechte Wände hinauf, und auch Absätze nimmt er mit Eleganz. Dabei saugt er ständig Wasser ein, das er durch seine Filter laufen lässt. Bis zu 300 Liter Wasser kann er so pro Minute umwälzen.

BITTE IDENTIFIZIEREN SIE SICH!

Eine eigene Kategorie von Servicerobotern dient der Sicherheit. Star unter den Überwachungsrobotern ist der Mosro der Firma Robowatch. »Mosro« steht für »Mobiler Sicherheitsroboter«. Der schmale, 25 Kilogramm schwere Metallturm ist oben mit einer roten Lampe und unten mit Rollen bestückt,

Sicherheitsroboter
Mosro auf Streife

die ihn mit vier Kilometern pro Stunde dahingleiten lassen. Je nach Kundenwunsch kann Mosro bis zu 240 Sensoren bekommen. Dann kann er sehen, hören, riechen, Erschütterungen und Temperaturen wahrnehmen. Dank seiner Ultraschall- und Radarsensoren sowie seiner Bewegungsscanner kann er sich auch im Dunkeln orientieren und Bewegungen sogar durch Wände wahrnehmen, wie der Hersteller verspricht.

Trifft er bei einer nächtlichen Patrouille, etwa durch ein Einkaufszentrum, auf eine Person, fordert er diese auf, sich per Fingerabdruck zu identifizieren – notfalls in 24 Sprachen. Weigert sich der Mensch, alarmiert Mosro die Zentrale, mit der er ohnehin ständig in Kontakt steht, und folgt dem Verdächtigen. Bei der Fußball-WM in Deutschland im Jahr 2006 halfen 20 Mosros, das Berliner Olympiastadion zu sichern – sozusagen ein Heimspiel, weil die Firma Robowatch in Berlin sitzt. Die Überwachungsroboter gingen nachts in verlassenen Gebäudeteilen auf Streife und sicherten am Tag vor allem die Bereiche, in denen sich besonders wichtige Gäste aufhielten.

AUF DEM BAUERNHOF

Zu den Servicerobotern kann man auch Geräte zählen, die Robotstore nicht im Angebot hat: die Landwirtschaftsroboter. Früher kümmerten sich die Knechte und Mägde, die Geißenpeter, Schweinehirten und Milchmädchen um die Tiere. Doch diese Zeiten sind längst vorbei. Heute stehen die Tiere oft in riesigen Ställen dicht an dicht in Boxen, in denen sie sich kaum bewegen können. Wenn Roboter den Bauern beim Füttern und Ausmisten, beim Melken der Kühe und Hüten der Schweine helfen, können auch die Tiere davon profitieren. Denn auch wenn Technik und Tier auf den ersten Blick gar nicht zusammenpassen, scheinen Pferde, Kühe und Schweine keine Berührungsängste mit den Robotern zu haben, im Gegenteil: Die Geräte ermöglichen ihnen ein Leben, das ihren natürlichen Bedürfnissen unter Umständen ein bisschen weiter entgegenkommt.

Das System Argus Welfare der österreichischen Firma Schauer beispielsweise erkennt über einen Chip jedes Schwein in einem Stall. Es kontrolliert, wie viel das Schwein frisst, und verfolgt seine Bewegungen. Aggressive oder kranke Tiere können so automatisch erfasst und von der Herde abgetrennt werden, bevor sie selbst ernsthaft Schaden nehmen oder andere Schweine verletzen. So können die Tiere frei in Gruppen zusammenleben, ohne dass der Bauer zu viel Zeit für das Hüten der Tiere braucht oder dass er Angst haben muss, seiner Herde könne es nicht gut gehen.

Auch der Melkroboter geht mehr auf das einzelne Tier ein, als es der Bauer kann. Selbst die »glücklichen« Kühe, die unter freiem Himmel auf der Weide stehen und dort ihr Gras fressen, müssen sich einem festen Rhythmus unterordnen: Der Bauer erscheint einmal morgens und einmal abends zum Melken – auch wenn das für die eine Kuh zu früh und für die andere zu spät ist. Beim Melkroboter Delaval VMS dagegen können die Kühe selbst bestimmen, wann sie gemolken werden möchten. Sie trotten selbstständig in die Melkbox, wo der Roboter die Euter der Kühe reinigt und die Saugvorrichtungen an die Zitzen setzt. Messungen haben gezeigt, dass die Kühe auf diese Weise mehr Milch geben als in herkömmlichen Betrieben. Ob sie die menschliche Nähe zum Bauern vermissen, weiß man aber nicht.

Der Roboter-
Knecht beim Melken
im Kuhstall

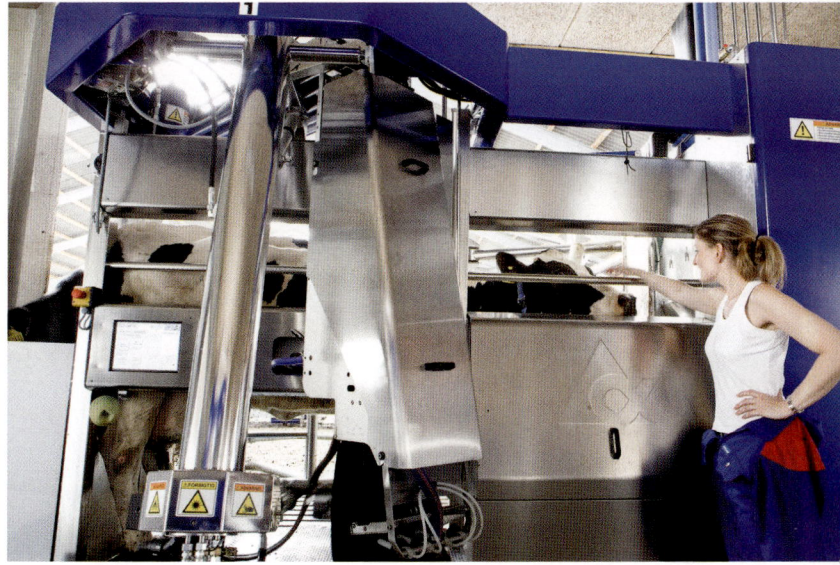

BEINAHE MENSCHLICH

DIE BEGLEITER DER ZUKUNFT

UM UNS IM ALLTAG ZUR SEITE
STEHEN ZU KÖNNEN, MÜSSEN ROBOTER
NOCH VIELES LERNEN: SICH GEWANDTER
ZU BEWEGEN, FEINER ZU GREIFEN,
SPRACHE BESSER ZU VERSTEHEN, MIMIK
RICHTIG ZU DEUTEN, SICH SELBSTSTÄNDIG
ZU ORIENTIEREN UND VOR ALLEM AN-
PASSUNGSFÄHIGER ZU SEIN. FORSCHER
ARBEITEN MIT HOCHDRUCK DARAN.

TEIL 3

Ein kleines, menschenähnliches Wesen wandert alleine durch ein Technikmuseum. In großen Buchstaben steht »Asimo« auf seiner Brust. Man merkt gleich, dass das Wesen ein Roboter ist: an den Geräuschen der Servomotoren, an der Kunststoffhülle, den offen liegenden Gelenken und vor allem an dem schwarzen Kunststoffvisier, hinter dem zwar große Augen, aber keine Nase und kein Mund erkennbar sind. Und doch hat Asimo etwas sehr Menschliches in seiner Art: Er geht wie ein Mensch auf zwei Beinen, er steigt Treppen und er bewegt die Arme beim Gehen wie wir.

Und er benimmt sich wie ein Mensch: Er bestaunt ein riesiges Zahnrad, er beäugt neugierig einen Wassereimer, der von der Decke fallende Tropfen auffängt, und schüttelt einen Spritzer von seinem Visier ab. Er sieht durch ein Teleskop, er bestaunt sein Spiegelbild in einem Fernseher, er grüßt einen ausgestellten Astronautenanzug, und in einer Halle mit Flugzeugen breitet er elegant die Arme wie Flügel aus. Als er seinen Rundgang beendet hat, verlässt er das Museum wie jeder andere Besucher durch den Ausgang.

102

Hi Fans!
Asimo grüßt

Diese kurze Szene von Asimos Museumsbesuch stammt aus einem Werbefilm von Honda. Der japanische Autobauer hat schon vor Jahrzehnten angefangen, humanoide Roboter zu konstruieren, und Asimo ist das derzeitige Topmodell. Aber so schön der Werbefilm auch gemacht ist, er behagt nicht jedem bei Honda. Zwar arbeitet der Film ohne Tricks, da Asimo tatsächlich Treppen steigen und all die anderen Bewegungen ausführen kann, die ihn so menschlich erscheinen lassen. Aber in seinem Inneren pocht, wie ein Dichter sagen würde, kein empfindsames Herz – die Neugierde, das Denken, die Verwunderung, der Humor und die Selbstständigkeit, die Asimo in dem Film zu haben scheint, sind nicht echt.

WARUM HUMANOIDE ROBOTER MENSCHLICH WIRKEN

Obwohl Asimo eindeutig ein Roboter ist, lassen wir uns von ein paar kleinen menschlich wirkenden Gesten aufs Glatteis führen. Warum nur? Wir glauben, dass Asimo wirklich denkt und fühlt, weil wir von Natur aus darauf »programmiert« sind. Wir geben dem, was wir wahrnehmen, einen Sinn. Wenn wir also ein Wesen sehen, das sich wie ein Mensch verhält, schließen wir daraus, dass es auch ein Mensch ist. Dass wir so einfach gestrickt sind, ist das Ergebnis unserer eigenen Geschichte. Als sich über Jahrmillionen der menschlichen Entwicklung unsere Instinkte herausgebildet haben, gab es noch keine Roboter, und so war die Annahme, dass alles, was sich wie ein Mensch bewegt, auch ein Mensch ist, zu hundert Prozent korrekt. Wer so dachte, hatte die besseren Karten. Es war zeitsparend und mitunter lebensrettend, diesem Instinkt zu folgen: Wenn beispielsweise im Alltag eines Steinzeitmenschen ein Feind seine Keule zum Schlag erhob, wäre es verhängnisvoll gewesen, sich erst einmal zu fragen, ob a) diese Geste eine Bedrohung darstellt, b) das Wesen tatsächlich ein lebender Mensch ist und c) dessen Keule wirklich auf den eigenen Kopf zielt.

Erst in unserer Zeit gilt die Annahme, »was sich wie ein Mensch verhält, ist auch ein Mensch«, nicht mehr unbedingt: Wenn wir einen Roboter sehen, der sich »nachdenklich« am Kopf kratzt, heißt das noch lange nicht, dass er wirklich nachdenkt. Wenn wir es trotzdem annehmen, fallen wir also auf unseren Instinkt herein. Dieser menschliche Instinkt ist für die Entwicklung von Robotern enorm wichtig: Denn er bestimmt, wie menschenähnlich ein Roboter sein muss, wenn er Gefühle in uns wecken soll, oder umgekehrt, wie technisch ein Roboter aussehen muss, wenn man Gefühle lieber vermeiden möchte.

DIE FANTASTISCHEN VIER AUS JAPAN

In dem Werbespot von Honda ist Asimos Verhalten haarklein programmiert. Er ist in Wahrheit nicht neugierig, denkt nicht alleine, wundert sich kein bisschen, hat keine Ahnung von Humor, und er würde am Ende niemals das Museum verlassen, um sich noch einen schönen Abend zu machen. Er würde vermutlich auf dem schnellsten Weg seine Ladestation aufsuchen.

Der Werbespot weckt also falsche Erwartungen, und das ist ein Grund dafür, warum er manchen Honda-Mitarbeitern nicht recht gefällt. Vielleicht fühlen sie sich aber auch in ihrer Entwickler-Ehre verletzt, denn die Übertreibung in dem Film wäre eigentlich nicht nötig. Asimo kann auch ohne Nachhilfe durch einen Regisseur erstaunlich viel: Er läuft sechs Kilometer pro Stunde, umkurvt Slalomhütchen, geht folgsam an der Hand, macht Gymnastikübungen, schiebt ein Servierwägelchen, nimmt ein Spezialtablett mit Kaffeetassen, serviert den Kaffee und verbeugt sich danach höflich.

Auch Asimos geistige Fähigkeiten sind faszinierend. Ein Beispiel: Was in seiner unmittelbaren Umgebung passiert, weckt seine Aufmerksamkeit. Hält man ihm einen Gegenstand hin, streckt er eine Hand danach aus und beäugt das Ding so lange, bis er es »erfasst« hat. So kann er etwa lernen, zu Sparkling Mike, dem Spielzeugroboter aus Blech aus den 1950er Jahren, »Großvater« zu sagen und ihn später wiederzuerkennen. »Erfassen« geht aber noch weiter: Es ist kein bloßes Speichern einer Fotografie, sondern das Erkennen charakteristischer Merkmale eines Gegenstands. Hat Asimo beispielsweise an einem Holzstuhl gelernt, was ein Stuhl ist, sagt er auch zu einem Polsterhocker auf Rollen »Stuhl«, zu einem Tisch dagegen nicht. Menschlich ist Asimo auch in seinen Schwächen: Bei einer Vorführung ist er schon auf der Treppe gestolpert und hinuntergepurzelt. Schuld an seinen Ausrutschern war allerdings kein Lampenfieber – denn so etwas kennt er natürlich nicht.

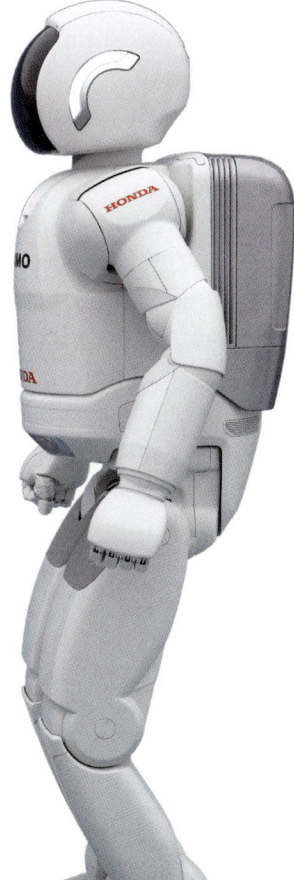

Hondas Asimo

Die fantastischen Vier:
Asimo (auf Seite 107),
Toyotas Humanoid, HRP-2
und Murata Boy (rechts)

Auch die humanoiden Roboter anderer Hersteller leisten Erstaunliches: Der 1,54 Meter große und 58 Kilogramm schwere HRP-2 Promet der japanischen Firma Kawada Industries kommt ohne Batterierucksack aus und kann selbstständig aufstehen – und er sieht obendrein herrlich futuristisch aus mit seinem blauweißen Outfit und den spitzen Antennenohren seitlich an seinem Helm. Besonders musikalisch sind die Humanoiden von Toyota, die in ihrem schneeweißen Kunststoffgehäuse entfernt an Asimo erinnern: Der eine spielt Trompete, der andere Geige und der dritte Schlagzeug. So kommt tatsächlich eine richtige Band zusammen. Spektakulär ist auch der Murata Boy: ein puppengroßer humanoider Roboter mit einem so ausgeprägten Gleichgewichtssinn, dass er besser Fahrrad fährt als die meisten Menschen. Er kann mit dem Rad stehen bleiben und auf Rampen, die so schmal wie ein Handteller sind, um die Kurve oder steil bergauf fahren.

ERSTE HILFEN FÜR ZU HAUSE

Die Mutter aller humanoiden Haushaltsroboter ist der schon 2003 vorgestellte Wakamura von Mitsubishi Heavy Industries. Er sieht dem Menschen nicht besonders ähnlich, und er geht nicht auf zwei Beinen, sondern rollt auf Rädern. Dafür aber kann man den knallgelben, ein Meter großen Hausdiener für rund 10 000 Euro kaufen. Auch wenn er nicht staubsaugen, bügeln oder mit dem Hund Gassi gehen kann, soll er mehr sein als ein netter Gag für Reiche. Mitsubishi nennt Wakamura einen Kommunikationsroboter: Er sucht auf Zuruf Informationen aus dem Internet, verschickt und empfängt E-Mails, erinnert an Termine und überwacht das Zuhause, fährt eigenständig herum und legt von allein an seiner Ladestation ein Päuschen ein.

Helfer für zu Hause:
der kommunikative
Wakamura ...

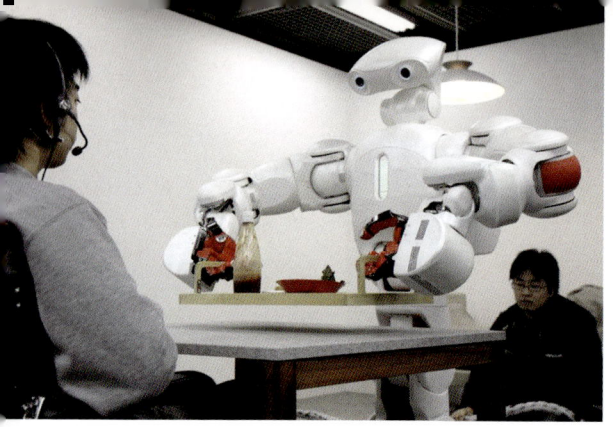

Etwas weiter entwickelt als Wakamura ist Twendy One von der Wasada University aus Japan. Er ist fast so groß wie ein Erwachsener, hat aber sonst wenig Ähnlichkeit mit uns: Statt eines Gesichts besitzt er nur eine Augenpartie, und wie Wakamura rollt er auf Rädern. Er versteht einfache Befehle und sagt auch etwas. Das Besondere an Twendy One sind seine kräftigen Arme und vor allem seine unglaublich geschickten Hände. So kann er – zumindest in einem Werbevideo – einem »gehbehinderten« Menschen im Haushalt ein wenig zur Hand gehen: Er stützt den Menschen beim Aufstehen aus dem Bett und hilft ihm, sich in den Rollstuhl zu setzen. Er holt eine Flasche aus dem Kühlschrank, nimmt mit einer Brotzange einen Toast aus dem Toaster und trägt ein Tablett von der Küchenzeile zum Tisch. Twendy Ones Körper ist so beweglich, dass er auch etwas vom Boden aufheben kann. Den Raum verlassen kann er allerdings nicht, da er über ein dickes Kabel mit einer festen Station verbunden ist.

... und der geschickte
Twendy One

DIE KRONE DER MENSCHLICHEN SCHÖPFUNG

Unter allen Maschinen sind humanoide Roboter so etwas wie die Krone der Schöpfung. Kein anderes Gerät fasziniert uns mehr. Aber warum sind wir eigentlich so versessen darauf, ein künstliches Wesen zu schaffen, das uns ähnlich ist? Wollen wir nur ein wenig Gott spielen? Warum soll so ein Roboter möglichst auf zwei Beinen gehen, der denkbar aufwändigsten Fortbewegungsart? Warum soll er zwei Hände haben, während sogar Seeräuber mit einem Haken auskommen? Warum muss er sprechen und Sprache verstehen, wenn man ihn ebenso gut über eine Tastatur oder Fernbedienung steuern könnte? Und warum soll er lernen zu verstehen und zu fühlen, obwohl uns doch Science-Fiction-Filme zeigen, wohin das führen kann? Wozu also dieser gigantische Forschungsaufwand?

Neben der reinen Faszination, die sicher eine Rolle spielt, gibt es noch einen ziemlich praktischen Grund: Die Welt, in der wir uns bewegen – die Wohnungen, die Straßen und die Geschäfte –, haben wir für uns konstruiert. Für ein Wesen auf zwei Beinen, das ungefähr eineinhalb bis zwei Meter groß ist, das gut sehen, aber schlecht riechen kann und das ziemlich intelligent ist, aber es sich gern einfach macht. Wie schwer es jemand in dieser Welt hat, der nicht exakt der Norm entspricht, wissen Rollstuhlfahrer oder Frauen mit Schuhgröße über 43 aus eigener Erfahrung. Wenn wir also wollen, dass Roboter eines Tages mit uns leben und uns bei der Bewältigung des Alltags helfen, dann müssen wir sie so menschenähnlich wie möglich machen. Und nur dann sind sie auch universell einsetzbar, ob als Kindermädchen, Küchenhilfe oder Krankenschwester.

Eine besonders wichtige Aufgabe für Roboter wird in Zukunft vermutlich die Betreuung alter Menschen sein. Da es
immer mehr alte Männer und Frauen gibt und gleichzeitig –
zumindest in den Industrieländern – immer weniger junge
Menschen, die sich um die Alten kümmern können, wird die
Pflege wohl auch von Robotern übernommen werden müssen. Es geht dabei um eine ganze Palette von Aufgaben: von
Hilfestellung wie beim Aufstehen aus dem Bett bis hin zu
Anregung und Unterhaltung.

EINE FRAGE DER KULTUR

Viele Menschen finden den Gedanken unbehaglich oder sogar
erschreckend, dass ein Roboter menschliche Eigenschaften
und Fähigkeiten haben soll. Aber wenn man die Entwicklung
der Bevölkerung nüchtern betrachtet, werden wir vermutlich gar keine andere Wahl haben, als in Zukunft Roboter
einzusetzen. Außerdem soll es nicht so weit kommen, dass
menschliche Pfleger durch Pflegeroboter ganz verdrängt werden. Die Roboter sollen vielmehr den Pflegern bei ihrer an-
strengenden Arbeit zur Hand gehen. Vielleicht ist der Schritt
zu den Robotern aber auch gar nicht so groß, wie manche
glauben. Schließlich haben wir andere technische Hilfen
längst akzeptiert: So würde niemand einen motorisierten
Rollstuhl ablehnen, obwohl beim Schieben oder Tragen ein
direkterer Kontakt zwischen Menschen entsteht.

Ängste gegenüber Robotern sind stark von der Kultur eines
Landes abhängig: In Japan zum Beispiel finden die meisten
Menschen Roboter ganz großartig. Für sie kann ein Roboter-
hund oder Robotermensch gar nicht lebendig genug sein.
Nicht umsonst treiben vor allem japanische Firmen die
Entwicklung voran. Warum Japaner so aufgeschlossen ge-
genüber Robotern sind, liegt wohl an ihrer grundsätzlichen

Einstellung zu Gegenständen: Ihre Religion lehrt, dass alle Dinge belebt sind und eine Seele haben. So groß ist für Japaner der Unterschied zwischen einem Lebewesen und einem Ding also gar nicht, und wenn ein Roboter menschliche Züge entwickelt, dann ist das für sie nur konsequent. In den USA dagegen wird ein Roboter, etwas überspitzt formuliert, vor allem dann mit Begeisterung aufgenommen, wenn er eine Waffe trägt. So ein Roboter wird eher als starker Verbündeter gesehen denn als möglicher Feind. Wir in Deutschland stehen Technik generell etwas skeptisch gegenüber – und einer so menschlichen Technik ganz besonders: Roboter sind für uns Fremdlinge, kalte Wesen, von denen vielleicht ja doch eine Bedrohung ausgeht.

ZUM VERWECHSELN ÄHNLICH

Es zeigt sich also, dass man die Frage, wie ähnlich uns Roboter sein sollen, nicht immer gleich beantworten kann. Asimo ist in seinem Aussehen bewusst technisch gehalten: Er ist ein Roboter, und das soll man auch sofort erkennen. Andere Entwickler setzen dagegen ihren ganzen Ehrgeiz darein, einen Roboter wie einen Menschen aussehen zu lassen. Auf einem Videoclip, der auf YouTube in drei Jahren fast drei Millionen Mal aufgerufen wurde, ist zum Beispiel eine hübsche junge Frau zu sehen, die auf dem japanischen Akiba Robot Festival 2006 an einem Messestand steht und gerade Zuhörern etwas erklärt. Man fragt sich, wann denn der Roboter ins Bild kommt – bis man merkt, dass sie der Roboter ist. Sie ist die Actroidin DER2 der Firma Kokoro aus Japan. Die Ähnlichkeit mit einer wirklichen Frau ist verblüffend: DER2 plinkert mit den Augen, bewegt den Mund beim Sprechen und gestikuliert. Inzwischen werden solche Actroidinnen als Hingucker für Messestände vermietet.

Der Japaner Hiroshi Ishiguro von der Universität Osaka hat einen Roboter geschaffen, der ihm selbst wie ein Zwilling gleicht, weshalb er ihn »Geminoid« nennt. »Testpersonen brauchen immer ein Weilchen, bis sie erkennen, dass sie keinem echten Menschen gegenübersitzen«, sagt Ishiguro. Der japanische Entwickler gibt sich aber mit der bloßen äußeren Ähnlichkeit nicht zufrieden. Sein Ebenbild soll auch wie ein Mensch reagieren: Wenn man den Roboter-Zwilling etwa in seine weiche berührungsempfindliche Haut zwickt, soll er empört zu der Stelle schauen, an der er gezwickt wurde.

Nicht nur in Japan, auch in den USA arbeiten Forscher an möglichst menschenähnlichen Robotern. Ein Entwickler ist zum Beispiel David Hanson, der mit Zeno schon bei den Spielzeugrobotern neue Maßstäbe gesetzt hat. Hanson hat mehrere extrem humanoide Roboter entwickelt. Einer ist Albert-Hubo, dessen Kopf sehr an den von Albert Einstein erinnert. Albert-Hubo ist laut Hanson der erste frei auf zwei Beinen laufende Roboter mit menschlichen Gesichtszügen. Allerdings sieht dieser Roboter-Einstein noch aus, als würde er in einem etwas zu klein geratenen Raumanzug stecken. Und obwohl er die Gesichtszüge des genialen Physikers trägt, ist seine Intelligenz eher mit der eines Regenwurms vergleichbar als mit der des menschlichen Originals. Ein weiteres Modell von Hanson ist Jules: Er übertrifft Albert-Hubo in Sachen Grips bei Weitem, ist dafür aber nicht mehr als ein animiertes Gesicht. Mit Jules kann man sich tatsächlich auf einfachem Niveau unterhalten, wobei er einem sogar in die Augen sieht. Das klingt trivial, aber es setzt voraus, dass Jules weiß, was Augen sind und woran er sie erkennt.

Der doppelte Ishiguro.
Wer ist der echte?

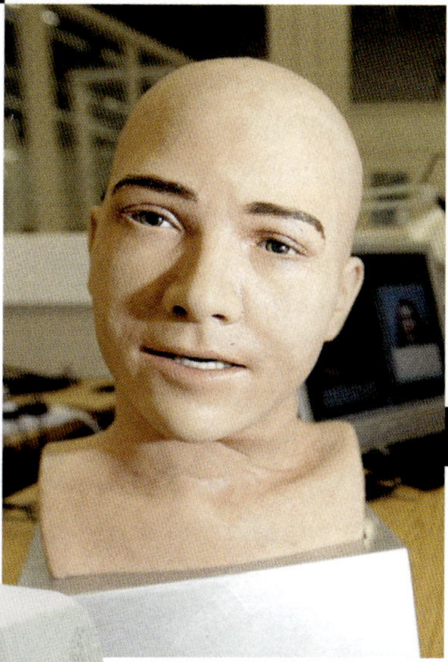

Sieht intelligent aus:
Albert-Hubo

Ist intelligent:
Jules

DIE ROBOTERMENSCHEN

Noch näher kommen sich Mensch und Roboter in den sogenannten Cyborgs. Diese Maschinenmenschen bestehen zum Teil aus lebendem Gewebe, zum Teil aus Drähten und Computerchips. In England gibt es einen Wissenschaftler, der beharrlich behauptet, ein Cyborg zu sein. Dabei hat er sich lediglich einen Computerchip in den Arm implantieren lassen, der seiner Labortür meldet, dass er kommt, und die sich dann selbstständig öffnet. So aufregend ist das allerdings nicht: Schon längst gibt es ähnliche Chips für Kühe und Schweine, damit der Bauer weiß, ob noch alle da sind. Außerdem ersetzt der Mensch schon seit der Antike verlorene Körperteile durch künstliche. Heutzutage arbeiten Forscher an Prothesen, die direkt an Nerven angeschlossen werden und so vom Patienten gesteuert werden können. Je weiter sich die Medizintechnik entwickelt, desto mehr verschmelzen Mensch und Prothese. Irgendwann wird man dann vielleicht wirklich von einem Cyborg sprechen müssen.

Asimo, Twendy One und die anderen humanoiden Roboter machen eines deutlich: Der Graben zwischen Mensch und Roboter wird schmaler – aber er ist immer noch sehr breit. Daran ändern auch die Actroidinnen nichts, die zwar verblüffend menschlich aussehen, aber schnell als Roboter erkannt werden können. Sogar die Cyborgs, die Maschinenmenschen, werden noch lange Zeit nichts weiter als Menschen mit intelligenten Prothesen sein. Wie weit der Weg zum menschenähnlichen Gefährten noch ist, zeigen die nächsten Kapitel. Und sie zeigen auch, woran Wissenschaftler forschen, um auf diesem Weg voranzukommen.

In die Robot Hall of Fame, die Ruhmeshalle der Roboter, aufgenommen zu werden ist eine große Ehre. Einer dieser ge-
ehrten Roboter ist Asimo von Honda. In der Begründung der
Jury heißt es: »Asimo ist der weltweit erste humanoide Roboter, der so dynamisch wie ein Mensch geht, der vorwärts
und rückwärts, um die Kurve und sogar Stufen hinauf- und
hinuntergehen kann.« Vor allem das Treppensteigen ist
ein Kunststück, mit dem selbst wir Menschen, die Meister
des zweibeinigen Gangs, manchmal noch Probleme haben.
Wahrscheinlich müssten solche Treppen, wie Asimo sie bei
seinen Vorführungen hinauf- und hinuntersteigt, für Menschen aus Sicherheitsgründen ein Geländer haben.

Asimos Treppenshow

Treppensteigen ist aber nicht das einzige Kunststück, das Asimo beherrscht: Seit 2005 kann er auch mit 6 km/h laufen, doppelt so schnell wie noch ein Jahr zuvor. Mit »laufen« ist hier die Fortbewegungsart gemeint, bei der die Füße für einen kurzen Augenblick den Boden nicht mehr berühren. Umgekehrt darf deshalb zum Beispiel ein »Geher« bei einem Wettkampf niemals den Bodenkontakt ganz verlieren, sonst ist er ein »Läufer« und wird disqualifiziert. Dass Asimo um die Kurve laufen kann, bedeutet: Er muss zum Abbiegen nicht stehen bleiben, die Richtung ändern und dann weiterlaufen, sondern er macht es wie wir in einer fließenden Bewegung.

VOM STEHEN ZUM GEHEN

Asimo ist, zumindest was die Fortbewegung angeht, der zurzeit am weitesten entwickelte Roboter der Welt. Um ihn so weit zu bringen, brauchten die Entwickler von Honda fast 20 Jahre. Die Fortbewegung stand von Anfang an im Mittelpunkt. Deshalb bestand das Modell E0 von 1986, sozusagen der erste Vorfahr von Asimo, auch nur aus Unterleib und Beinen. E0 konnte schon einen Schritt vor den anderen setzen, brauchte dafür aber eine halbe Ewigkeit: Er musste zwischen den Schritten ein Päuschen von fünf Sekunden einlegen, in denen er den Körperschwerpunkt auf das Standbein verlagerte.

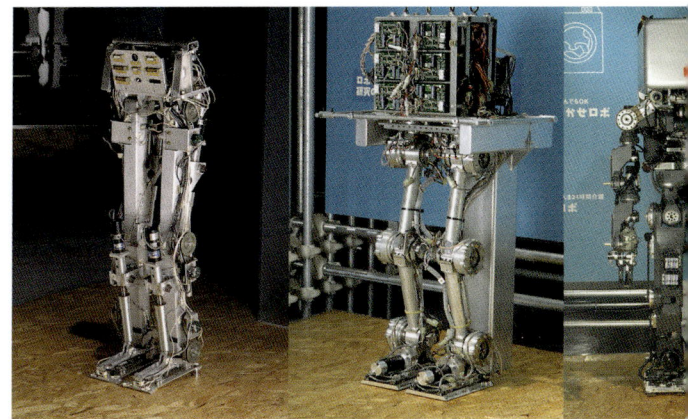

Roboter-Evolution:
vom staksigen Gehautomat E0 ...

Wir Menschen machen das anders: Wenn wir gehen, ist unser Schwerpunkt nach vorne geschoben, und er pendelt dabei hin und her. Das hat zur Folge, dass unser Gehen eine sehr instabile Angelegenheit ist: Wir drohen ständig nach vorne und auf die Seite zu kippen. Man kann Gehen deshalb auch als »kontrolliertes Fallen« bezeichnen. Die Kontrolle, die uns vom Fallen abhält, besteht darin, dass wir das freie Bein rechtzeitig nach vorne bringen und uns so gegen den Sturz stemmen.

Stolpern ist dann so etwas wie Gehen unter verschärften Bedingungen: Beim Stolpern wird das nach vorne schwingende Bein festgehalten, weil sich der Fuß zum Beispiel an einer Baumwurzel verhakt hat. Nur ein Reflex mit blitzschnellem kräftigem Heben des Beins kann den Sturz dann noch verhindern. Wenn der Reflex zu langsam abläuft oder der Fuß nicht freikommt, klatschen wir unsanft auf den Boden. Hondas E0 »ging« also nicht im eigentlichen Sinne, sondern sein Gang war eher ein abwechselndes Stehen auf einem Bein.

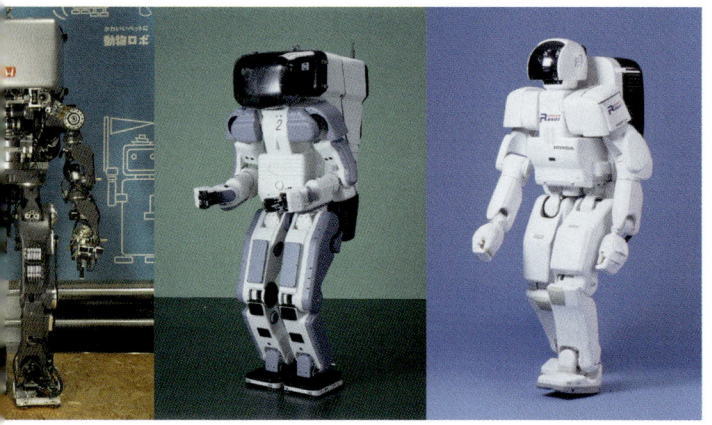

... bis zum gehenden Vorläufer p3 von Asimo

BEIM MENSCHEN ABGEKUPFERT

Doch schon mit E0 zeigten die Forscher an, worauf sie hinaus-wollten: Ihr Ziel war die Nachahmung des menschlichen Gangs. So besaßen die Beine von E0 bereits die Größenver-hältnisse eines menschlichen Beins. Auch waren die Gelenke in gleich vielen Ebenen beweglich: Während Hüftgelenk und Fußgelenk jeweils nach vorne und hinten sowie nach rechts und links beweglich waren – also zwei Bewegungsebenen, die sogenannten Freiheitsgrade, besaßen –, ließ sich das Knie-gelenk nur beugen und strecken, aber nicht seitlich auslen-ken. Wie weit sich die Glieder auslenken lassen mussten, um später ein Steigen und Laufen zu ermöglichen, schauten sich die Forscher direkt beim Menschen ab. Sogar die Sensoren, mit denen Bewegungen ständig kontrolliert werden, wurden den menschlichen nachempfunden: E0 verfügte über Gelenk-sensoren zur Bestimmung der Auslenkwinkel, über Kraftsen-soren sowie über Geschwindigkeits- und Kompasssensoren zur Bestimmung der Position. Um die Wucht beim Auftreten zu dämpfen, waren die Fußsohlen von E0 mit speziellen Ma-terialien gepolstert.

Mit dieser Hardware war aber erst die mechanische Grundlage für natürliches Gehen geschaffen. Damit sich der Roboter wirklich bewegte, musste noch die entsprechende Software entwickelt werden. Die verschiedenen Regelmechanismen, die die Bewegung überwachen und steuern, sind ziemlich komplex und tragen so schöne Namen wie Floor Reaction Control, Target ZMP Control und Foot Planting Location Control. Solche Regelungen sollen es dem Roboter ermöglichen, nicht nur auf ebener Fläche zu gehen, sondern auch einen Schubser abzufangen, ein Stolpern auszugleichen und Unebenheiten des Bodens zu meistern.

Als die Honda-Entwickler die Grundsätze des Gehens beherrschten, gingen sie daran, den Körper oberhalb der Beine zu entwickeln, also den Rumpf mit zwei Armen sowie den Kopf. Auch diese Körperteile haben etwas mit Fortbewegung zu tun, denn sie geben dem Gehen, wenn man so will, erst einen Sinn. Menschen gehen manchmal nur so zum Spaß, doch ein Roboter braucht immer ein Ziel. Also muss zum Beispiel ein Haushaltsroboter ein Ziel erkennen und ansteuern und dann auch etwas mit ihm machen können. Dafür braucht er den Kopf mit seinen Sinnesorganen und die Arme zum Greifen.

Der direkte Vorläufer von Asimo, der p3, hatte bereits Rumpf, Arme und Kopf und sah annähernd menschlich aus, allerdings war er mit 130 Kilogramm noch ein rechter Klotz. Der heutige Asimo, der gegenüber p3 noch einmal deutlich weiterentwickelt und im Dezember 2004 vorgestellt wurde, gilt hinsichtlich seiner Gestalt und seines Bewegungsapparats vorerst als ausgereift. Deshalb konzentrieren sich die Forscher bei Honda und in ausgewählten Instituten wie an der Universität Bielefeld inzwischen darauf, Asimos Bewegungen flexibler zu machen und ihn natürlicher auf seine Umwelt und Menschen reagieren zu lassen.

Dabei sind die Forscher schon ein Stück vorangekommen: Dank seiner Autonomous Continuous Movement Technology und seiner verbesserten Sensoren kann Asimo Hindernisse erkennen und ihnen ausweichen. Begegnet er auf einem Korridor zum Beispiel einem Menschen, bleibt er stehen, weicht einen kleinen Schritt seitlich zurück und fordert sein Gegenüber mit einer höflichen Geste auf, vorbeizugehen. Oder er ändert mit einem Ausweichmanöver seinen Kurs, indem er eine kleine Kurve geht.

Doch einem einzelnen Menschen in einem Korridor zu begegnen ist in unserer Welt die große Ausnahme. Die Regel ist, dass wir eine belebte Straße überqueren, in einem lauten Kaufhaus inmitten von Menschen etwas Bestimmtes suchen, oder auf einem unebenen Waldpfad spazieren und uns dabei angeregt unterhalten. Unsere Welt ist also meistens wesentlich abwechslungsreicher als ein Laborflur, und sie ist obendrein nicht statisch, sondern ständig in Bewegung. Asimo wäre in dieser vielfältigen bewegten Umgebung restlos überfordert.

Asimo muss also noch eine Menge lernen, bis er sich in unserer Welt alleine zurechtfindet. Das weiß keiner besser als Jochen Steil. Er ist Professor für Informatik an der Universität Bielefeld und einer der Direktoren des CoR-Lab, des Forschungsinstituts für Kognition und Robotik. Das CoR-Lab wurde 2007 gegründet, als die Firma Honda den Informatikern der Uni Bielefeld zwei Asimos und eine Million Euro für ihre Forschungen zur Verfügung stellte. Die beiden Asimos sind jetzt sozusagen die prominentesten Studenten an der Bielefelder Universität. Sie besuchen jedoch keine Vorlesungen, sondern halten sich nur in einem speziell gesicherten Gebäudetrakt auf, in dem auch Jochen Steil sein Büro hat. Wer ihn besuchen will, muss deshalb erst einmal an einer Tür warten, die man nur mit einem Funkchip öffnen kann. So sind die Roboter vor ungebetenen Gästen sicher.

WARUM ES SO SCHWIERIG IST, DEN FERNSEHER ANZUSCHALTEN

Wir Menschen sind Robotern noch in vielen Belangen weit voraus: So können wir im Gegensatz zu ihnen eine Bewegung nicht nur ausführen, sondern überhaupt erst einmal eine passende Bewegung finden – schließlich gibt es unendlich viele Aufgaben, für die verschiedene Bewegungsabläufe erforderlich sind. Wenn ein Vater zum Beispiel sein Kind bittet: »Machst du mal den Fernseher an?«, läuft im Kind etwas sehr Kompliziertes ab, das noch kein Roboter der Welt selbstständig beherrscht:

¬ Zunächst muss das Kind die Aufgabe verstehen, es muss also zum Beispiel wissen, was das Wort »Fernseher« bedeutet.

¬ Es muss sich orientieren und sich die richtige Teilaufgabe stellen, nämlich dass man zum Anschalten einen bestimmten Knopf am Fernseher drücken muss.

¬ Dann muss sein Gehirn herausfinden, welche Bahn Beine und Hände beschreiben sollten, um den Knopf am Fernseher drücken zu können.

¬ Und es muss das richtige »Bewegungsprogramm« abrufen, um die Bahn umzusetzen.

Es genügt dabei nicht, die Schritte nur »blind« auszuführen, sondern die Ausführung muss auch kontrolliert werden. Denn jeder einzelne Schritt birgt eine gewisse Unsicherheit und kann fehlschlagen: Hat der Vater wirklich »Fernseher« gesagt? Ist der schwarze Kasten wirklich der Fernseher? Und ist der Weg zum Fernseher wirklich frei oder liegt etwas im Weg?

ROBOTER SIND UNSICHER

Wir Menschen arbeiten mit vielen Tricks, um diese Unsicherheiten klein zu halten und Missverständnisse zu vermeiden. Wenn der Vater sein Kind bittet: »Machst du mal den Fernseher an?«, dann wird er vermutlich auch auf den Fernseher zeigen, damit die Aufgabe eindeutig ist. Den Fernseher identifiziert das Kind mit schlafwandlerischer Sicherheit. Es würde ihn auch im Kopfstand, mit nur einem offenen Auge, im Spiegel und bei fast völliger Dunkelheit erkennen, schließlich hat es schon viele spannende, freudige oder traurige Stunden vor dem Fernseher verbracht. Und das Kind wird auch ohne Probleme das Objekt, das im Weg liegt, eindeutig als Hund erkennen: Es hat ein goldbraunes Fell, es hechelt und es riecht etwas streng.

Das Kind bewältigt die Aufgabe auch dann mühelos, wenn seine Sinnesorgane widersprüchliche Informationen liefern: wenn der Hund zum Beispiel unter eine Plüschdecke geschlüpft ist und deshalb seine Konturen schlecht erkennbar sind und sein Fell nicht mehr goldbraun, sondern rosafarben zu sein scheint. Das Kind wird die widersprüchlichen Informationen mit Leichtigkeit ausblenden und schnell zu der Entscheidung kommen, dass Hecheln und Geruch ausreichen, um den Hund eindeutig zu identifizieren. Möglich sind solche Entscheidungen, weil wir Menschen offenbar so etwas wie ein übergeordnetes Kontrollzentrum besitzen, das sehr schnell beurteilen kann, was wesentlich, was unwesentlich und was irreführend ist – jedenfalls in den meisten Situationen des Alltags.

Für einen Roboter dagegen sind zweifelhafte Situationen der reinste Horror – wenn er Horror empfinden könnte. Denn für ihn sind die Unsicherheiten meist viel größer als für uns: Ihn irritiert eigentlich jede zusätzliche Information, denn er weiß nicht, welche Information für seine Aufgabe wichtig ist.

Ganz besonders stören ihn Nebengeräusche und ungünstiges Licht: Wenn im Nachbarraum Musik gespielt wird und auf der Straße ein Auto vorbeifährt, würde er die Bitte des Vaters wahrscheinlich gar nicht verstehen, und ein Lichtstrahl, der auf den Fernseher fällt, würde ihn völlig verunsichern. Würde ein Roboter die Schritte also stur nacheinander abarbeiten und dabei die mitunter großen Unsicherheiten einfach hinnehmen, käme am Ende fast immer Unfug heraus.

DAS PROBLEM MIT DEM PROBLEM

Den größten »Horrortrip« erlebt ein Roboter aber, wenn neben den Unsicherheiten auch noch Probleme auftreten, die ein Abarbeiten der Schritte unmöglich machen. Man kann zum Beispiel nicht mit der Bewegungsplanung beginnen, wenn es so dunkel ist, dass man den Einschaltknopf nicht sieht. Also muss man erst einmal eine Zwischenaufgabe einschieben, die lautet: »Licht einschalten!« Auch dafür gilt wieder eine Bewegungshierarchie, diesmal mit der Teilaufgabe »Schalter betätigen«, der Ausführung »zum Schalter gehen« und der Umsetzung »Beine in Bewegung setzen«.

Und wehe, wenn die Glühbirne kaputt ist, dann kommen weitere, unabsehbare Zwischenprogramme dazu. Erst wenn diese alle gelöst sind, kann man mit der eigentlichen Aufgabe, den Fernseher einzuschalten, fortfahren. Man kann natürlich – zum Beispiel wenn man merkt, dass keine Ersatzglühbirnen im Haus sind – zu dem Schluss kommen, dass es jetzt zu aufwändig wäre, den Nachbarn um eine Glühbirne zu bitten, weil der Film jeden Augenblick anfängt, und dass es sinnvoller wäre, eine alternative Strategie einzuschlagen. Man könnte beschließen, den Einschaltknopf zu ertasten, weil man aus Erfahrung weiß, wo er ungefähr sein müsste.

All diese Strategien, mit Unsicherheiten und Problemen fertigzuwerden, spulen wir Menschen in Windeseile ab. Sie machen uns keine Mühe, und meistens sind sie uns nicht einmal bewusst. Wie wenig wir alltägliche Abläufe bewusst steuern, merken wir dann, wenn etwas nicht mehr dort ist, wo es immer war. Dann greifen wir noch wochenlang daneben. Auf den ersten Blick scheint das paradox: Gerade diese unbewusst ablaufenden, alltäglichen kleinen Dinge, die wir »automatisch« erledigen, fallen einem Roboter unendlich schwer. Was ihm fehlt, ist die Erfahrung, die wir uns im Laufe unseres Lebens aneignen, und die Intuition, die diese Erfahrungen im Alltag nutzt. Ein Roboter ist dagegen wie eine Schachtel – was man nicht hineinlegt, ist auch nicht drin.

DIE UNSICHTBARE BARRIERE

Was Asimo aber grandios beherrscht, ist der letzte Schritt in dem komplexen Bewegungsvorgang. Für den fertigen Bewegungsplan wie: »Fahre die rechte Hand in einer Wellenbewegung von A nach B«, ruft er mit absoluter Sicherheit das richtige Bewegungsprogramm auf. Für einen Industrieroboter genügt diese Fähigkeit vollauf: Er arbeitet in einer bekannten Umgebung, weshalb man ihm für jede Aufgabe und jedes Problem den passenden Bewegungsplan einprogrammieren kann. Bei einem Haushaltsroboter geht das nicht, denn seine Umgebung verändert sich ständig. Ihn kann man unmöglich auf alle Aufgaben und alle möglichen Probleme vorbereiten.

Jochen Steil nennt es die »unsichtbare Barriere«, an die der Roboter stößt, wenn man die kontrollierten Laborbedingungen auch nur ein wenig lockert. Was gerade noch prima funktioniert hat, klappt dann nicht mehr. Der Roboter kommt mit irgendetwas nicht klar, was wir Menschen spielend bewältigen – und zwar so spielend, dass wir nicht einmal auf die Idee kommen, dass es für den Roboter problematisch sein könnte. Die Aufgabe der Forscher ist es, diese unsichtbare Barriere Stückchen für Stückchen zu überwinden.

Und das geht nur, wenn die Roboter flexibler werden und Bewegungen selbstständig lernen können. Steil und seine Kollegen versuchen deshalb, so etwas wie ein übergeordnetes Bewegungszentrum zu schaffen, das Bewegungen plant, die einzelnen Schritte koordiniert und obendrein kontrolliert, ob alles nach Plan läuft – im Grunde also ein Computerprogramm, das ähnlich wie unser Gehirn arbeitet. Und das ist mühsam. »Wir stoßen dabei auf Probleme«, sagt Steil, »die wir sehr lange unterschätzt haben.«

TEAMS UND SCHWÄRME

Eine weitere wichtige Eigenschaft von Robotern, die ihnen hilft, in unserer Welt klarzukommen, ist Teamfähigkeit. Denn sie werden oft vor dem Problem stehen, dass sie eine Aufgabe nicht alleine bewältigen können. Dann müssen sie sich mit anderen Robotern zusammentun. Aus diesem Grund haben Forscher schon früh an Konzepten gearbeitet, wie Roboter zusammenarbeiten können.

Der Teamgeist von Robotern ist den Forschern so wichtig, dass sie einen alljährlichen Wettbewerb ins Leben gerufen haben: die Fußballweltmeisterschaft der Roboter, den Robo-Cup Soccer. Das ehrgeizige Ziel der Veranstalter: Im Jahr 2050 wollen sie ein Roboterteam zusammenstellen, das gegen die Menschen-Weltmeister gewinnt. Am RoboCup 2009 im österreichischen Graz nahmen insgesamt 2300 Tüftler aus 44 Ländern mit über 700 Robotern teil. Die meisten Siegertrophäen gingen an Teams aus Deutschland und Japan.

Roboter
spielen Fußball.

Beim RoboCup Soccer treten die Mannschaften in verschiedenen Ligen gegeneinander an: die menschenähnlichen Roboter in der »Humanoid League«, die mittelgroßen in der »Middle Size League« und die Miniroboter in der »Small Size League«. In der »Standard Plattform League« verwenden die Teilnehmer zwar selbst programmierte Software, aber greifen dabei auf dieselbe Hardware zurück. Bis zum Jahr 2008 war das der Roboterhund Aibo von Sony, ab 2009 ist es der knapp 60 Zentimeter große Nao des französischen Herstellers Aldebaran Robotics. Nao war auch das Maskottchen der Weltmeisterschaft in Graz. Ungewöhnlich ist auch die »Simulations League«, in der zwei virtuelle Mannschaften aus je elf Robotern auf dem Bildschirm gegeneinander antreten.

Ein Fußballmatch
der anderen Art

Ein Sonderfall eines Teams ist der Schwarm. Die nötigen Fähigkeiten, sich in großen Teams zu bewegen, nennen die Forscher deshalb »Schwarmintelligenz«. Sie ist nötig, wenn viele Dutzend Roboter losgeschickt werden, um eine Aufgabe gemeinsam zu bewältigen, etwa selbstständig eine Giftgaswolke im Auge zu behalten.

Spektakulär ist beispielsweise die Zusammenarbeit der etwa tellergroßen »s-bots«, die speziell für das Teamwork konzipiert sind. Das »s« steht für Schwarm. Sie bewegen sich auf Raupen fort und packen mit ihrer kräftigen Zange Gegenstände, die sie holen sollen. Wenn sie merken, dass sie es alleine nicht schaffen, rufen sie per Funk Hilfe herbei. Die hinzueilenden Roboter halten sich an den ersten fest. Genügt ihre Kraft immer noch nicht, rufen sie weitere Hilfe und so fort. In einem Versuch zeigten vier Ketten mit insgesamt 18 Robotern, wie stark sie im Verbund sind: Sie zogen ein auf dem Boden liegendes Mädchen davon. Das war vermutlich das erste Mal, dass Roboter einen Menschen entführten. Sie kamen allerdings nur ein paar Meter weit, und Lösegeld forderten sie auch keines.

Spektakuläres Kidnapping

WIE VIELE BEINE BRAUCHT EIN ROBOTER?

In der Königsdisziplin der Fortbewegung, dem zweibeinigen Gehen, tummeln sich neben Asimo mittlerweile etliche andere Roboter. Sie staksen nicht mehr mit steifen Beinen herum wie die frühen Blechspielzeug-Roboter, sondern sind sehr gelenkig. Qrio, Manoi, Nao und Zeno beispielsweise können alleine aufstehen, wenn sie hingefallen sind. Der älteste von ihnen ist Qrio von Sony. Er wurde im Jahr 2000 vorgestellt und galt als Nachfolger des Spielzeughunds Aibo. Er konnte noch früher als Asimo laufen, also mit beiden Beinen kurz vom Boden abheben. Außerdem konnte er Treppen steigen und verfügte über einen Wortschatz von 60000 japanischen Wörtern. Doch Qrio wird wie Aibo nicht mehr produziert.

Von Manoi, der 2005 erstmals präsentiert wurde, gibt es mittlerweile die beiden Linien PF01 und AT01, die von Fans mit immer neuen Outfits ausgestattet werden. Nao kann sogar ein kleines Quietscheentchen aufheben, das vor ihm auf dem Boden sitzt. Den Roboterjungen Zeno soll es in zwei Größen geben. Weitere humanoide Roboter findet man zum Beispiel auf der Internetseite »robosavvy.com«. Sie sehen zum Teil recht Furcht einflößend aus und tragen so schöne Namen wie ShadowStalker, Bioloid, Robobuilder oder Robonova. Eine der neuesten Entwicklungen ist Ropid, der Prototyp eines 38 Zentimeter hohen humanoiden Roboters des japanischen Unternehmens Robo Garage. Neben seinen geschmeidigen Bewegungen überrascht er mit einer Besonderheit: Er kann aus dem Stand acht Zentimeter hoch hüpfen.

Dass ein Roboter, der uns im Alltag zur Seite stehen soll, wie wir auf zwei Beinen geht, hat viel für sich. Doch für Roboter mit anderen Aufgaben können andere Fortbewegungsarten viel sinnvoller sein. Die Natur macht es uns vor: Was da an Land alles kreucht und fleucht, bewegt sich meist auf vier und mehr Beinen – oder auf gar keinen. Den Vierbeinern ab-

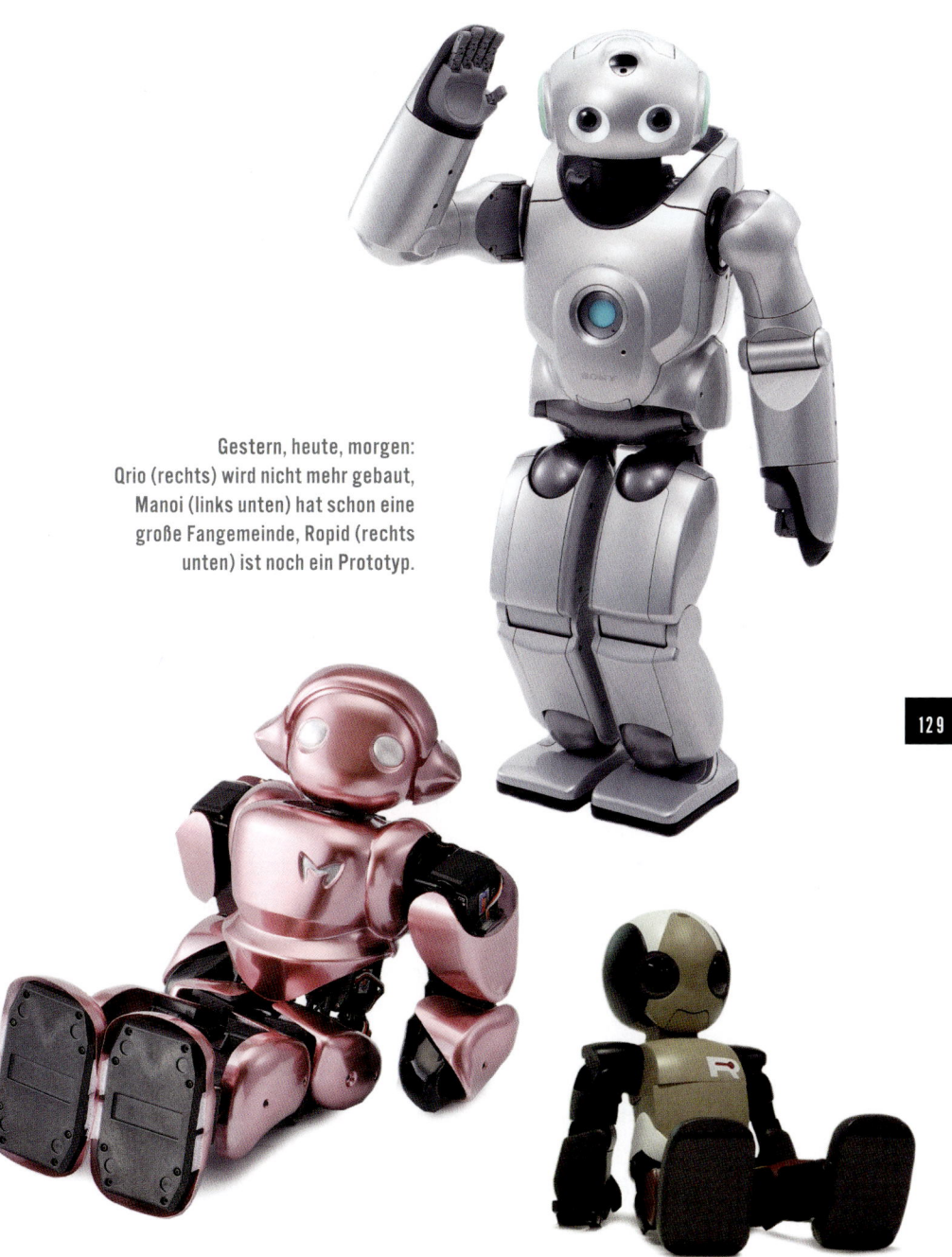

Gestern, heute, morgen:
Qrio (rechts) wird nicht mehr gebaut,
Manoi (links unten) hat schon eine
große Fangemeinde, Ropid (rechts
unten) ist noch ein Prototyp.

Der Lastenträger:
BigDog, der große Hund,
schleppt hier
vier Rucksäcke.

geschaut ist zum Beispiel der Roboter BigDog. Bei seiner Präsentation 2008 bezeichnete ihn sein Hersteller Boston Dynamics als den »am weitesten fortgeschrittenen vierfüßigen Roboter der Welt«. Der »Große Hund« ist einen Meter lang, 70 Zentimeter hoch, und trotz seiner 75 Kilogramm wirkt er springlebendig. Etwas irritierend ist nur, dass BigDog beim Rennen nicht hechelt wie ein Hund, sondern brummt wie eine riesige Hummel. Außerdem hat er keinen Kopf, sondern er sieht aus, als hätten sich zwei Männer in Ringkampfhaltung ineinander verkeilt.

Der fehlende Kopf und das Brummen sind deswegen so irritierend, weil BigDog sich unglaublich natürlich bewegt und mit den schwierigsten Bodenverhältnissen klarkommt. Wo andere Roboter kläglich versagen, trumpft BigDog auf: Er tänzelt einen Waldhang hinauf, läuft leichtfüßig auf den groben Kieseln eines trockenen Flussbetts, stapft in lockerem Schnee bergab und bergauf, und selbst auf Glatteis fängt er sich wieder ohne hinzufallen. Sogar ein kräftiger Tritt in die Seite lässt ihn nur trudeln, aber nicht umkippen. Im Labor steigt er über ein Steinfeld, das einem eingestürzten Haus nach einem Erdbeben gleicht.

Finanziert wurde BigDog von der DARPA, die auch die Auto-
rennen mit Roboterfahrzeugen, die Grand Challenge, aus-
richtet. Die Militärstrategen wünschen sich einen Lastenträger, der in jedem Gelände zurechtkommt, in dem sich auch
Soldaten bewegen. BigDog kommt dem Ideal schon sehr
nahe: Er ist in der Lage, 160 Kilogramm zu schleppen, also
einen verwundeten Soldaten in voller Kampfausrüstung in
Sicherheit zu bringen. Und er kann 20 Kilometer weit non-
stop gehen, womit er 2008 einen Weltrekord für vierbeinige
Roboter aufstellte.

Für eine andere Militäraufgabe ist der ebenfalls von Boston
Dynamics entwickelte Petman gedacht, der als Laufprototyp
Ende 2009 vorgestellt wurde und 2011 einsatzbereit sein soll:
Dann wird Petman dazu dienen, im Labor Schutzkleidung
in simulierten Militäraktionen zu testen. Während ihn chemische Kampfstoffe einnebeln, wird er laufen, robben und
sogar schwitzen. Obwohl er mit seinen zwei Beinen und dem
großen Kasten obenauf jetzt noch aussieht wie die ersten
Vorläufer von Asimo, wirkt sein Gang bereits unglaublich
menschlich. Beim Gehen rollt er die Fußsohlen ab, und wie
BigDog bringen auch ihn kräftige Schubser in die Seite nicht
aus dem Gleichgewicht.

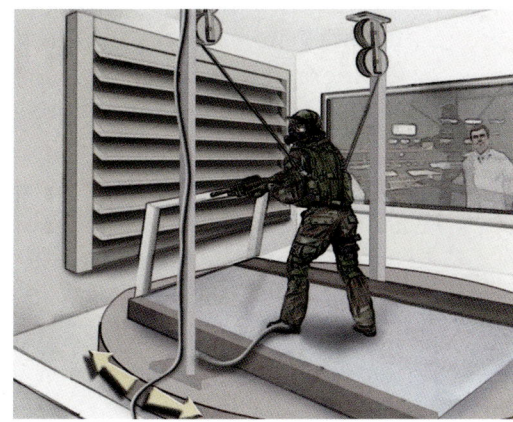

So soll Petman
demnächst
Kampfanzüge testen.

Wühler und Klettermaxe:
RHex (links) und Rise

BIESTER FÜR DAS MILITÄR

Für raues Gelände liefert BigDog den Beweis, dass man dort
mit vier Beinen gut vorwärtskommt. Es geht aber natürlich
auch mit mehr Beinen – und unter Umständen sogar besser:
Insekten haben sechs Beine, und weil sie die mit Abstand ar-
tenreichste Tiergruppe sind, gelten sie als das Erfolgsmodell
der Evolution. Kein Wunder also, dass sich zwei weitere Ex-
tremroboter der Herstellerfirma wie Insekten auf sechs Beinen fortbewegen. Der eine mit der Bezeichnung RHex ist ein
flacher Wühler, der entfernt an ein Krokodil mit sechs Beinen
erinnert. Ihn kann so gut wie nichts aufhalten. Mit seinen
stämmigen, rotierenden Sichelbeinen flappt er über jeden
Untergrund: ob Schlamm, Geröll, steile Abhänge, Bahngleise,
Treppen, dichtes Unterholz – RHex kommt überall durch.
Selbst wenn er eine meterhohe Steinhalde hinunterkracht,
ist er sofort wieder auf den Beinen und rödelt weiter. Auch
Wasser hält ihn nicht auf: Er schwimmt und taucht, ganz
nach Belieben. Im Gegensatz zu BigDog, der mithilfe von
Satelliten-Navigation seinen Weg findet, wird RHex fernge-
steuert.

Der andere Sechsbeiner von Boston Dynamics mit dem Namen Rise geht viel behutsamer als RHex zu Werke, schließlich bewegt er sich in der Senkrechten: Wie eine gigantische Wanze mit einem langen Schwanz schiebt er sich raue Wände hoch, erklimmt Bäume und soll bald auch Glasflächen hinaufkriechen können. Mit seinem stabilen Schwanz stützt er sich ab, und wenn er oben über die Kante kommt, neigt er den Oberkörper vor, um nach vorne zu kippen. Ohne Pause krabbelt er dann in der Ebene weiter.

DIE VIELFALT DER FORTBEWEGUNG

Auch dem Biokybernetiker Holk Cruse von der Universität Bielefeld dienen die Insekten als Vorbild. Er hat jahrelang den Gang von Stabheuschrecken analysiert, und aus diesen Erkenntnissen ein Laufmodell entwickelt. Zur Überprüfung seines Konzepts probierte er dann den umgekehrten Weg: Anhand seines Modells entwickelte er ein künstliches, selbstständig laufendes Insekt. Nicht bedächtig wie eine Stabheuschrecke, sondern flink wie eine Küchenschabe huscht das Roboterinsekt Dash der University of California davon. Es ist mit seinen eineinhalb Metern pro Sekunde nicht nur so schnell wie eine Schabe, sondern es ist auch so robust: Selbst ein Sturz aus 30 Metern Höhe macht Dash nichts aus. Seine Unverwüstlichkeit verdankt das knapp handtellergroße Tier seiner extrem leichten Bauweise: Es bringt gerade mal 16 Gramm auf die Waage.

Insektenlaufmaschine
aus Bielefeld

Dash, die
unverwüstliche
Roboschabe

Nicht nur für das Krabbeln auf sechs Beinen, auch für jede andere Fortbewegungsart in der Natur gibt es eine Entsprechung im Reich der Roboter: Es gibt Spinnen-, Krebs- und Schlangenroboter, es gibt flossenbewehrte fischähnliche Roboter für das Wasser und Flügelwesen für die Luft. Gerade kleine Flugroboter fliegen am besten mit Tragflächen, die wie die Flügel einer Libelle schwirren. Weil Motoren, Batterien und Kameras immer kleiner werden, sind bereits künstliche Fluginsekten mit nur fünf Zentimetern Spannweite möglich. Sogar das Pflanzenreich, normalerweise nicht gerade berühmt für seine Fortbewegungskünste, dient Roboterentwicklern als Vorbild: Der Tumbleweed genannte Erkundungsballon für den Mars ist den vom Wind getriebenen Büschen im trockenen Nordamerika nachempfunden. Entfernt an Tumbleweed erinnert der Chembot von iRobot: Er sieht ein wenig aus wie ein schlapper Fußball, bewegt sich aber wie von Geisterhand. Indem sich einzelne Luftkammern unter seiner Silikonhaut füllen und leeren, rollt er gezielt vorwärts. Dank seiner veränderlichen Form soll er sich sogar durch Ritzen quetschen können.

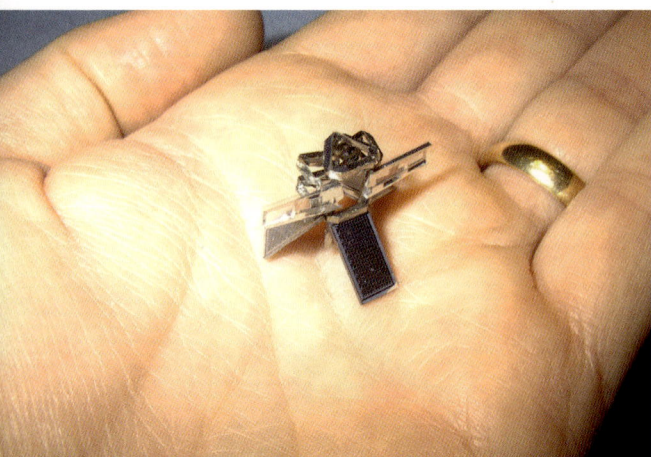

Flippflapp:
Miniroboter vor
dem Abflug

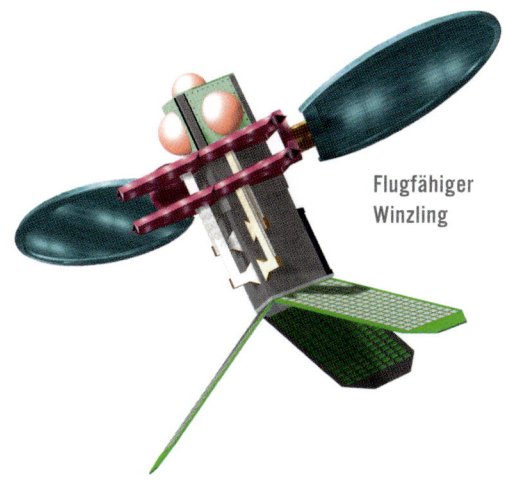

Flugfähiger
Winzling

Noch näher liegen für Roboter jedoch die Fortbewegungsarten ihrer nächsten Verwandten, der Maschinen. Im simpelsten Fall fährt ein Roboter auf Rädern. Wenn der Einsatzort eben ist, ist Rollen zwar keine besonders ehrgeizige, aber eine vernünftige Fortbewegungsart. Selbst so weit entwickelte Haushaltsroboter wie Twendy One, Wakamura oder PaPeRo begnügen sich deshalb mit einem schlichten Räderantrieb. Daneben gibt es noch alle möglichen Spielarten von Rädern, wie Kettenraupen oder Propeller.

Fortbewegung ist aber nur eine Art der Bewegung. Mindestens ebenso wichtig ist für uns Menschen die Bewegung der Hand. Um sie soll es im nächsten Kapitel gehen. Darin werden auch die verschiedenen Möglichkeiten besprochen, wie man die Kraft erzeugt, die Bewegung erst möglich macht.

Und er bewegt sich doch:
Chembot rollt mit
aufblasbaren Kammern.

Wenn Robert Haschke eine der beiden Roboterhände in seinem Labor an der Universität Bielefeld in Bewegung setzt,
fällt als Erstes das merkwürdige Geräusch auf: Die Hand gibt
ein erstaunlich lautes Geklapper und Geschnatter von sich.
Sie klingt zwar nicht wie eine menschliche Hand, aber sie
sieht beinahe so aus: mit fünf Fingern, einem Handteller und
kräftigen Muskeln im Unterarm. Wenn man sich jetzt noch
eine weiche, hautähnliche Hülle darüber vorstellt, ist die Illu-
sion fast perfekt.

Die beiden Roboterhände, mit denen Haschke forscht, gebaut
von der Firma Shadow in England, können eine ganze Menge:
ein Ei aus einer Schachtel herausnehmen, einen Faden in ein
Nadelöhr einfädeln, den Schraubverschluss eines Getränkekartons aufdrehen, eine Bohrmaschine greifen und anschalten, einen Menschen am Kinn kraulen, einen Eisenhaken aus
Sand ausgraben und Geschirr spülen.

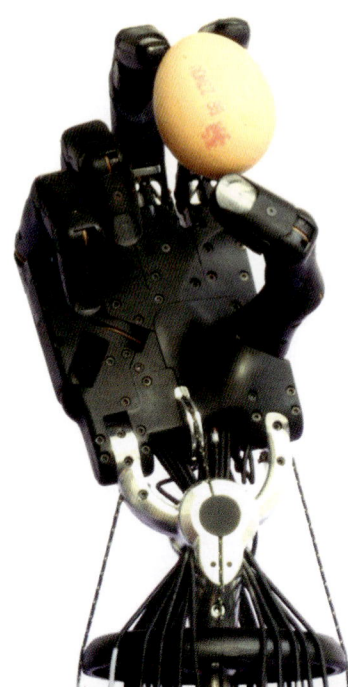

Roboterhand
mit vorbildlicher
Eistellung

Eine Frage des Drucks:
Roboterhand hält Tomate

Doch man muss diese Fähigkeiten realistisch betrachten: Das Nadelöhr ist ziemlich groß, der Schraubverschluss sitzt locker, beim »Geschirrspülen« wird der schmutzige Teller von einer Menschenhand gehalten und die Shadowhand tupft mit dem Schwamm nur ein bisschen darüber. Außerdem gilt, was schon in den bisherigen Kapiteln immer wieder betont wurde: Alle Bewegungen der Hand sind bis ins Detail vorprogrammiert. Würde man die Nadel auch nur einen Millimeter verrücken, würde der Faden nie durchs Nadelöhr finden. Weil es der Hand also noch an Alltagstauglichkeit fehlt, wird sie weltweit an Forschungsinstituten weiterentwickelt: bei der NASA, an der Carnegie Mellon University in den USA und an der Universität Bielefeld.

Allein in der Forschergruppe von Helge Ritter und seinem Mitarbeiter Robert Haschke arbeiten fünf Doktoranden und etliche wissenschaftliche Hilfskräfte an Programmen, die Roboterhänden mehr »manuelle Intelligenz« verleihen sollen. Das heißt: Die Hände sollen irgendwann so geschickt sein, dass sie alltägliche Handgriffe beherrschen. Wenn es dann noch gelingt, die Hände samt der nötigen Rechnerleistung deutlich zu schrumpfen, könnte man eines Tages damit einen Haushaltsroboter wie Asimo bestücken.

137

WIE MACHT MAN EINE ROBOTERHAND INTELLIGENT?

Wie weit die Forscher bislang damit gekommen sind, den Händen »Intelligenz« einzuhauchen, demonstriert Robert Haschke an den Roboterarmen im Bielefelder Labor. Der Roboter ist in einem würfelförmigen Versuchsaufbau von etwa zwei Metern Kantenlänge untergebracht. Von der Decke hängen zwei Arme, die an Industrieroboterarme erinnern, nur dass die Laborarme am Ende keine Schweißpistolen, sondern die beiden Shadowhände tragen. Außerdem gehört noch eine an die Decke des Versuchsaufbaus montierte Kamera dazu. Auf sonstige humanoide Merkmale wurde verzichtet, weil sie hier nicht wichtig sind.

Der Einsatzbereich des Roboters ist ein mit schwarzem Tuch bespannter Tisch, den die Kamera von oben überblickt. Das »Gehirn« des Roboters besteht aus fünf Computern: je einer für die Sprache, die Armsteuerung, die Bilderkennung und für die beiden Hände. Während eines Versuchs laufen in den Computern etwa 20 verschiedene Programme. Was dabei im Inneren des Roboters vorgeht und wie er die Tischoberfläche wahrnimmt, sieht Robert Haschke auf den vier Monitoren, die er wie in einer Kommandozentrale nebeneinander aufgebaut hat.

Versuch mit
zwei Shadowhänden
in einem Roboterlabor
an der Uni Bielefeld

Die heutige Aufgabe des Roboters: Er soll vier Plastikfrüchte, die vor ihm auf dem Tisch liegen, nehmen und in eine Schale legen. Als Erstes zeigt er auf eine Banane, fragt, was das ist, und erkundigt sich, wie der Mensch es greift. Auf die Antwort »Power-Grip«, also Kraft-Griff, nimmt er die Banane, schwingt mit dem Arm zur Schale und lässt die Frucht aus etwa zehn Zentimetern Höhe hineinplumpsen. Auch die restlichen Obststücke sammelt er auf diese Weise ein.

Bemerkenswert ist, dass er die Reihenfolge der Bewegungen und die Positionen der Früchte nicht einstudiert hat, sondern spontan entscheidet, wie er die Aufgabe lösen soll – soweit ein Roboter eben spontan sein kann. Es stört ihn jedenfalls nicht, wenn Doktorandin Julia Peltason einen Apfel gegen eine Zitrone austauscht und einen anderen Apfel verrückt. Am Ende greift er die Schale mit beiden Händen und übergibt sie der jungen Frau. Der Roboter versteht manchmal nicht auf Anhieb, was sie gesagt hat, er arbeitet sehr bedächtig und auch etwas ruckelnd, und einmal fällt ein Apfel daneben, aber ansonsten macht er alles richtig.

Die Schale wird
vom Roboter übergeben.

DAS WUNDER DER MENSCHLICHEN HAND

Der Versuch zeigt, wie selbstständig ein Roboter seine Hände schon einsetzen kann, aber er zeigt auch, wie groß der Abstand zu einem Menschen immer noch ist. Dass dieser Unterschied gerade am Beispiel der Hände besonders deutlich wird, ist nicht weiter verwunderlich: Schließlich zählen die Hände neben dem Gehirn zu unseren erstaunlichsten und wunderbarsten Körperteilen.

Manche Forscher glauben sogar, dass wir unsere Sonderstellung als »geistige Überflieger« im Tierreich eigentlich unseren Händen verdanken. Sie meinen, wir seien nur so schlau geworden, weil wir mit unseren Händen Werkzeuge verwenden konnten – »Greifen« und »Begreifen« seien sozusagen »Hand in Hand« gegangen. Das klingt plausibel: Vielleicht verstand ein zufälligerweise besonders kluger Urmensch, dass er mit einem scharfkantigen Stein einen Stock anspitzen und sich mit diesem gegen einen Säbelzahntiger wehren konnte.

Dass unsere Hände etwas ganz Besonderes sind, können wir auch an ihrer einzigartigen Stellung im Tierreich ablesen: Wir Menschen werden von Tieren in fast allen Belangen übertroffen – es gibt Tiere, die besser hören, riechen, sehen, hungern, laufen, springen, klettern, schleichen, schwimmen, tauchen oder fliegen können. Aber keines hat so vielseitige Hände wie wir: Wir können einen Speer hundert Meter weit schleudern, aber auch mit einer Nähnadel einen Splitter aus der Haut holen, wir können mit einem Vorschlaghammer Kohle aus dem Gestein hauen, aber auch mit einer Pinzette ein Uhrwerk reparieren, wir können an einer Hand unser eigenes Körpergewicht halten, aber auch eine Daunenfeder aufheben, wir können mit den bloßen Händen einen anderen Menschen k. o. schlagen, aber auch virtuos Geige spielen.

Mit den vier Fingern und dem Daumen, der dank seiner Stellung mit jedem Finger eine Pinzette oder Zange bildet, besitzen wir ein unendlich reiches Repertoire an Griffen. Wenn man nur die Fingerstellungen genau beschreiben möchte, die eine Hand ausführt, um einen Bleistift zu nehmen, ihn anzuspitzen und damit zu schreiben, würde man ein Buch füllen.

WAS BEIM AUFDREHEN EINES VERSCHLUSSES ALLES ABLÄUFT

Diese Vielfalt zu verstehen und beherrschbar zu machen ist die Herausforderung, der sich Forscher wie Helge Ritter stellen: Sie analysieren natürliche Bewegungen und setzen sie in Programme um, die es Robotern ermöglichen sollen, dieselben Handbewegungen auszuführen. Ein Weg für die Übertragung der Bewegung von der menschlichen Hand auf die Roboterhand läuft in drei Schritten ab und ist in der Bildreihe unten an einem Beispiel gezeigt: Ausgangspunkt ist die Bewegung einer menschlichen Hand, die – während sie in einem Datenhandschuh steckt – den Verschluss einer Getränkeflasche aufschraubt (linkes Bild). Der Datenhandschuh ist gespickt mit Sensoren, die die Bewegungen genau erfassen und die Daten an einen Rechner übertragen. Damit lässt sich in einem zweiten Schritt die Bewegung in einer Computersimulation korrekt nachahmen (mittleres Bild). In einem dritten und letzten Schritt wird die Simulation schließlich in Steuerbefehle für die Roboterhand übersetzt, die dann die menschliche Bewegung nachahmt (rechtes Bild).

In drei Schritten von der menschlichen Hand zur Shadowhand

Diese Übertragung funktioniert auch schon in Echtzeit: Alle Bewegungen des Datenhandschuhs macht die Shadowhand fast gleichzeitig exakt nach. Nur leider kann man einem Roboter nicht alle möglichen Handgriffe, die er in einem Haushalt erledigen soll, auf diese Weise beibringen. Allein für das Öffnen einer Flasche gibt es beinahe unendlich viele Variationen: Einen dicken Verschluss muss man anders greifen und bewegen als einen dünnen, einen kantigen anders als einen runden, eine Kappe anders als einen Schraubverschluss. Eine Roboterhand käme also mit einem einmal gelernten Bewegungsprogramm »Flasche aufmachen« nicht weit, wenn sie verschiedene Verschlüsse öffnen soll.

Die Forscher lösen dieses Problem mit einem Trick: Sie zerlegen eine komplexe Bewegung, wie das Aufdrehen einer Flasche, in mehrere Teilbewegungen, die jede für sich in engen Grenzen flexibel ist. Damit erhalten sie eine Art »Bewegungsbaukasten«. Aus dem kann sich dann der Roboter nach Bedarf bedienen und eine Vielzahl komplexer Bewegungen zusammensetzen. Im Grunde ist dieses Verfahren, aus einfachen Grundelementen etwas Komplexes zusammenzusetzen, weit verbreitet: Auch die fantastischsten Abenteuergeschichten sind aus einfachen Wörtern zusammengesetzt und die schönsten Melodien aus einfachen Tönen.

Wie die Bewegung »Flasche aufdrehen« aussieht, wenn sie in Einzelschritte zerlegt worden ist, zeigt die Bildfolge oben: Von links nach rechts ist zu sehen, wie sich die Hand mit gespreizten Fingern dem Verschluss nähert, ihn zwischen Zeigefinger und Daumen fasst, ihn vom Zeige- zum Mittelfinger dreht und dann den Griff wieder öffnet.

Auch wenn das Öffnen einer Flasche schon ziemlich anspruchsvoll ist – es geht noch viel schwieriger: Allein schon deshalb, weil zum Beispiel nicht alle Objekte so fest wie eine Flasche sind. Viele Gegenstände des Alltags, wie ein Pullover, eine Blume oder eine Banane, sind nachgiebig und können ihre Gestalt verändern. Um besser zu verstehen, was unsere Finger leisten, wenn sie mit solchen Objekten zu tun haben, erforschen die Bielefelder Wissenschaftler, was eine Roboterhand mit Papier anstellen kann. Dabei zeigt sich einmal mehr, dass schon die scheinbar simpelsten Manipulationen in Wirklichkeit sehr komplex sind: So erfordert allein das Falten eines Papierbogens nicht weniger als fünf Einzelschritte: Papier heranziehen, in eine passende Position bringen, eine Ecke hochfalten und greifen, diese zu einer anderen Ecke legen und schließlich eine Knickkante ziehen.

Bei jedem dieser Schritte passiert eine Menge zwischen dem Papier und den beiden Händen. Unsere Hände funktionieren dabei dank der Steuerung durch unser Gehirn so »automatisch«, dass die Einzelschritte für uns mühelos ineinanderfließen. Es spielt für uns auch keine Rolle, dass Position, Größe, Glattheit und Steifigkeit des Papiers ganz verschieden sein können. Es wird uns nur dann bewusst, wenn wir zum Beispiel ausnahmsweise einmal mit den Fingern an einer Ecke abgleiten und zum Hochfalten ein zweites Mal ansetzen müssen.

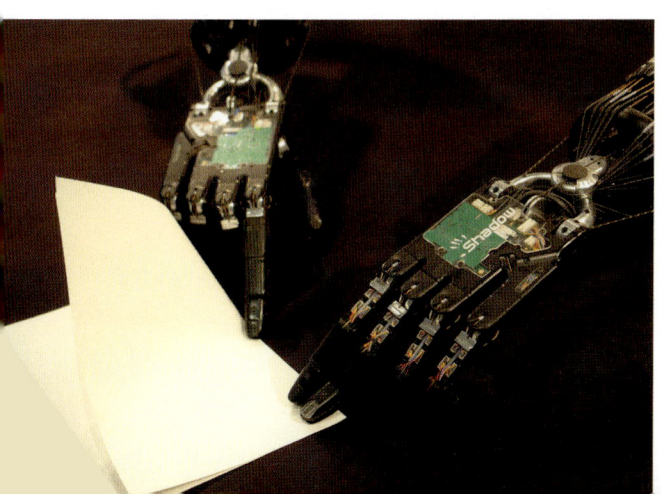

Der weite Weg
zum Origami.
Die Shadowhand
macht einen
Anfang.

Wenn uns so ein kleines Missgeschick passiert, haben wir vielleicht auch einfach nicht genau genug hingesehen, denn bei vielem, was unsere Hände tun, sind auch unsere Augen ganz wesentlich mitbeteiligt: Schon vor einer Berührung liefern sie entscheidende Informationen über Lage, Form und Art des Papiers, und auch wenn die Finger dann Kontakt mit dem Papier haben, ergänzen sie unseren Tastsinn, indem sie die Bewegung überwachen. Für die Wissenschaftler um Helge Ritter ist es deshalb eine beträchtliche Herausforderung, dieselben Schritte von ein Paar Roboterhänden und einer Videokamera erledigen zu lassen. Aber es lohnt sich: Jeder wichtige Fortschritt ist ein Meilenstein auf dem Weg zu einem Haushaltsroboter, der alle Arten von Alltagsgegenständen selbstständig greifen und kontrolliert manipulieren kann. Praktisch ist, dass es in einem weiteren Projekt der Bielefelder um das Lernen aus Fehlern geht, denn das werden die Shadowhände beim Falten von Papier vermutlich gut brauchen können.

GELENKE UND MUSKELN

Die Software ist aber nur die eine Seite. Die andere ist die Hardware. Hier arbeiten die Bielefelder mit dem besten Material, das man zurzeit bekommen kann, denn die Shadowhand gilt als die beweglichste Roboterhand der Welt. So hat sie mit ihren fünf Fingern 20 bewegliche Gelenke, das heißt, sie kann für ihre Aktionen 20 Bewegungsfreiheitsgrade nutzen. Zusammen mit den sieben Freiheitsgraden der Arme kommt der Roboter in Ritters Labor insgesamt auf 54 Freiheitsgrade. Zum Vergleich: Die neueste Version von Asimo hat alles in allem, also mit Kopf, Rumpf, Armen und Beinen, nur 34 Freiheitsgrade.

Doch trotz aller technischen Perfektion kann die Shadowhand einer menschlichen Hand noch längst nicht das Wasser reichen. Das betrifft zum einen die Kraft: Die Shadowhand kann drei Kilogramm heben. Doch manche Bergsteiger und vor allem Freeclimber halten ihr ganzes Körpergewicht mit nur einem oder zwei Fingern. Selbst ein untrainierter Erwachsener kann sich kurz mit nur einer Hand an eine Stange klammern, also 20- bis 30-mal so viel Gewicht halten wie die Roboterhand. Das liegt vor allem daran, dass die einzelnen Bestandteile der menschlichen Hand optimal aufeinander abgestimmt sind.

Die menschliche Hand bezieht ihre Kraft aus Muskeln, die fast alle im Unterarm sitzen und die die Finger über Sehnen bewegen. Wenn man eine Hand zur Faust ballt und wieder streckt, sieht und spürt man das Spiel der Muskeln im Unterarm besonders gut. So einen lebenden Muskel nachzubauen wird wohl noch lange nicht möglich sein. Bis es so weit ist, müssen sich die Forscher mit technischen Lösungen behelfen. Eine der ältesten Möglichkeiten ist die Metallfeder. Wenn man die Feder aufzieht, speichert sie die hineingesteckte Arbeit und gibt sie bei Bedarf wieder ab.

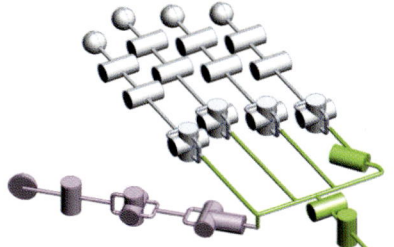

Ganz schön beweglich: In der Schemazeichnung der Shadowhand symbolisiert jeder Zylinder ein Gelenk. Die Ausrichtung der Zylinder zeigt an, in welche Richtung sich die Gelenke bewegen lassen. Die beiden Gelenke in jedem Finger beugen und strecken sich wie bei der menschlichen Hand gemeinsam. So ergeben sich insgesamt 20 Bewegungsebenen oder Freiheitsgrade.

An etlichen anderen Möglichkeiten wird noch geforscht, wie zum Beispiel an sogenannten Formgedächtnis-Legierungen. Das sind Materialien, die aus zwei oder mehr Metallen bestehen und die bei bestimmten Temperaturen eine andere Form annehmen, also eine Art »Gedächtnis« für diese Form haben. Mit solchen Materialien lassen sich Muskeln aus Draht konstruieren. Eines ist beispielsweise die Nickel-Titan-Legierung Nitinol, die sich »ruckartig« und mit großer Kraft zusammenzieht, wenn sie eine bestimmte Temperatur überschreitet. Das Zupacken klappt damit schon ganz gut, nur mit dem Loslassen hapert es noch: Denn um sich zu entspannen, muss die Legierung erst wieder unter die Temperaturschwelle abkühlen.

Heutige Roboter verdanken ihre Kraft vor allem zwei Antriebstechniken. Eine davon ist der Elektromotor: Er setzt elektrischen Strom über eine Magnetspule in eine Drehbewegung um, die direkt oder über Zahnräder und Gelenke die Körperteile des Roboters bewegt. Der Elektromotor arbeitet sehr genau, erzeugt aber relativ wenig Kraft, dafür umso mehr Wärme. Wie weit ein Roboter trotz dieser Einschränkungen mit Elektromotoren kommen kann, zeigt Asimo: Die in seinen Rucksack-Akkus gespeicherte Energie reicht für etwa eine Stunde Betrieb. Das ist schon relativ viel, aber für einen Einsatz im Alltag noch lange nicht genug.

Für die Entwickler kleinster Roboter könnten in Zukunft Brennstoffzellen als Energiequelle spannend sein, wie sie an der Universität Illinois entwickelt wurden. Sie sind nur noch drei mal drei Millimeter groß und einen Millimeter dick. Brennstoffzellen erzeugen Strom, indem sie Wasserstoff verbrennen. Mit einer »Tankfüllung« produziert der Winzling 30 Stunden lang Strom. Damit ist im Prinzip gezeigt, dass Brennstoffzellen auch für längere Einsätze geeignet sein könnten – zumindest dann, wenn am Ende auch die Stromausbeute stimmt.

DIE KRAFT DER LUFT

Eine zweite Möglichkeit der Krafterzeugung bieten die Hydraulik- und Pneumatikantriebe: Bei den Hydraulikantrieben pumpt ein Motor Öl oder Wasser in Schläuche oder Kolben. Ein Nachteil dabei sind die Probleme mit der Dichtigkeit an den Ventilen und beweglichen Teilen – man kann sich in etwa ausmalen, was passiert, wenn Öl mit hohem Druck aus einer undichten Stelle schießt. Der große Vorteil der Hydraulikantriebe ist die enorme Kraft, die sie erzeugen. Sie werden deshalb zum Beispiel in Baggern und ähnlichem schwerem Gerät eingesetzt. Auch der Lastenhund BigDog verdankt seine ungestüme Kraft Hydraulikantrieben. Weil BigDog seine Energie aus einem Verbrennungsmotor bezieht, muss man ihm, wenn er schlappmacht, Benzin in den »Fressnapf« füllen.

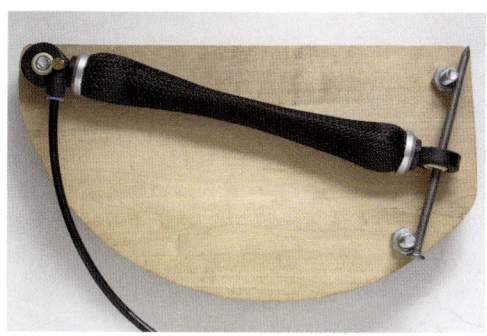

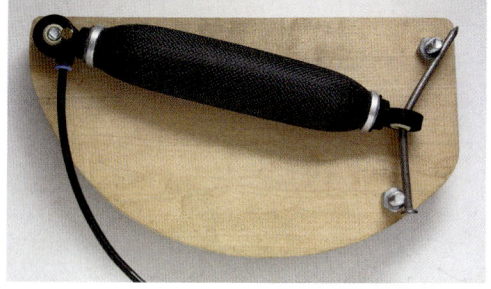

Die Kraft der Luft: Aufgepumpt verbiegt ein Shadowmuskel sogar einen Eisennagel.

Die Finger der Shadowhand werden über Pneumatikantriebe bewegt. Solche Antriebe arbeiten nach demselben Prinzip wie die Hydraulikantriebe, verwenden aber Luft anstelle einer Flüssigkeit. Winzige Motoren pumpen dabei Luft in Gummischläuche, die dadurch dicker und kürzer werden. Da Luft sich wesentlich weiter zusammenpressen lässt als eine Flüssigkeit, können sich Pneumatikantriebe viel elastischer verhalten. Die Vorteile des Luftmuskels: Er wiegt trotz Schlauch und Ummantelung mit einem Kunststoffgitter nur zehn Gramm, er kostet nicht viel, er reagiert schnell und bewegt sich weich, er funktioniert auch, wenn er leicht verdreht ist oder über eine Kante läuft, er braucht nicht exakt ausgerichtet zu werden, er ist unglaublich stark, er dämpft sich selbst, und er arbeitet sehr zuverlässig.

Weil die Shadowhand 20 Freiheitsgrade besitzt und dabei für jede Bewegungsrichtung je einen Muskel benötigt, verlaufen im Unterarm nebeneinander 40 Schläuche. Jeder Schlauch ist über ein Luftein- und ein Luftausstromventil mit einer Druckluftquelle verbunden. Das Geklacker und Geschnatter der Shadowhand entsteht, weil sich die winzigen Ventile blitzschnell in rascher Folge öffnen und schließen und dabei Luft ein- und ausströmt.

OHNE SENSOREN WIRD AUS EINEM TEIG KEIN KNÖDEL

Damit eine Roboterhand Gegenstände greifen kann, braucht
sie also sowohl eine intelligente Steuerung als auch eine aus-
gefeilte Mechanik mit einem entsprechenden Antrieb. Aber
noch etwas ist unbedingt nötig, damit die Hand richtig greifen kann: Sensoren. Bei uns Menschen sind es die Sinnesorgane, die uns sehen, hören, schmecken, fühlen und tasten
lassen. Sie geben unserem Gehirn die Rückmeldung, ob sich
die Finger einem Gegenstand noch annähern oder ob sie ihn
schon berühren, ob sie ihn fest im Griff haben oder ob er
rutscht, ob er stabil ist oder ob er sich verformt.

Nur die einfachsten Industrieroboter kommen ohne eine solche Rückmeldung aus: Sie packen einen Gegenstand immer
in derselben Position mit derselben Kraft, heben ihn an dieselbe Stelle, wo sie ihn auf dieselbe Art wieder loslassen. Ob
der Arm den Gegenstand tatsächlich gepackt hat, merkt der
Roboter gar nicht und macht deshalb auch dann unverdros-
sen weiter, wenn er nur Luft transportiert oder wenn er dabei
alles kurz und klein schlägt. Ohne Rückmeldung kann eine
Hand also nichts gezielt greifen, sie würde einen schweren
Stein fallen lassen und eine empfindliche Tomate zerquet-
schen. So einen Roboter eine Spülmaschine ausräumen zu
lassen wäre keine gute Idee.

Ein Roboter braucht für seine Hände also das, was wir Fin-
gerspitzengefühl nennen. Wir Menschen haben davon reichlich: Unsere Hände können Berührung sehr genau orten, die
Stärke von Druck messen, Vibrationen wahrnehmen, Wärme
und Kälte spüren, Schmerz empfinden und dem Gehirn melden, welche Stellung die Hand gerade einnimmt. Außerdem
helfen die Augen mit, den Händen auf die Finger zu schauen,
und auch die Ohren und die Nase können wichtige Informationen beisteuern. Wenn wir etwa eine Knoblauchzehe zer-
drücken, haben alle Sinnesorgane reichlich zu tun.

Das Sehen besorgt bei der Shadowhand die Kamera, die von oben den Einsatzbereich der Arme überblickt. Sehen ist vor allem dann unentbehrlich, wenn die Hand noch keinen Kontakt mit dem Objekt hat. Sobald sie aber einen Gegenstand berührt, sind Druck- und Tastsinn gefragt. Eine Berührung registrieren zum einen die Motoren, die die Hand antreiben, weil sie gegen einen Widerstand plötzlich mehr Kraft aufwenden müssen. Vor allem aber werden bei einer Berührung die Druck- und Tastsensoren in den Fingerkuppen aktiv. Sie melden, an welchen Stellen der Fingerkuppe und wie stark etwas berührt wird. Diese detaillierten Informationen sind besonders wertvoll, wenn die Hand einen Gegenstand bewegt – wenn sie zum Beispiel Teig zu einem Knödel rollen soll. Unsere Hände können einen Knödel auch dann rollen, wenn wir nicht hinsehen. Wie wichtig das extrem feine Gespür beim Greifen und Tasten für uns ist, erkennt man daran, dass die Hände und vor allem die Fingerkuppen die Körperregionen sind, die nach der Netzhaut im Auge am dichtesten mit Sinneszellen bepackt sind.

Kein Wunder also, dass die Bielefelder Wissenschaftler vor allem die Tastsensoren der Shadowhand weiterentwickeln wollten. Sie formten eine spezielle Fingerkuppe aus einem elastischen Material, das abhängig von der Stärke des Drucks elektrischen Strom unterschiedlich gut leitet. Dadurch können sie jetzt in jeder einzelnen Fingerkuppe die Druckverteilung an 34 Punkten verfolgen. Die gesamte Hand besitzt daher 5 mal 34, insgesamt also 170 Berührungssensoren. So viele Sensoren erzeugen natürlich eine gewaltige Menge Daten, die zur Verarbeitung ans Zentralgehirn geleitet werden müssen. Da die schmalen Handgelenke nur Platz für wenige Drähte bieten, mussten die Forscher extra eine spezielle Elektronik entwickeln, um die Datenmengen überhaupt transportieren zu können.

Aber selbst mit ihren beachtlichen 170 Tastpunkten ist die Shadowhand immer noch um ein Vielfaches plumper als eine Menschenhand: Wir verfügen pro Hand über 10 000 bis 20 000 Tastsensoren. Eine Shadowhand ist in etwa so empfindlich, als würden wir über unsere vor Kälte steifen Hände dicke Handschuhe anziehen. Auch wir sollten mit solch klammen, klobig verpackten Händen den Geschirrspüler besser in Ruhe lassen.

IMMER SCHÖN ELASTISCH BLEIBEN

Vor allem für Arbeiten mit zerbrechlichen Gegenständen ist die Rückkopplung über Sensoren der alles entscheidende Faktor: Wenn eine Roboterhand beispielsweise langsam, aber ungebremst auf Glas drückt, bauen sich blitzschnell enorme Kräfte auf, die dem Glas und der Hand nicht gut bekommen würden. In so einer Situation sind zwei Dinge entscheidend: zum einen, dass die Hand weiß, wie zerbrechlich Glas ist und entsprechend vorsichtig zugreift, und zum anderen, dass die Hand elastisch reagiert. Unsere Hände können das, weil die Muskeln elastisch sind und den ersten Druck abfedern. So gewinnt unser relativ träges Nervensystem die nötige Zeit – bis es reagieren kann, vergehen kostbare Millisekunden –, um die Kraft in der Hand zu drosseln und so eine Beschädigung von Hand oder Glas zu verhindern. Nur auf diese Weise ist uns feinfühliges Greifen überhaupt möglich.

Auch die Luftmuskeln der Shadowhand bringen eine gewisse Elastizität mit, doch die reicht bei Weitem nicht aus. Diesen Makel können die Muskeln des Roboters dadurch ausgleichen, dass Elektrik und Elektronik im Vergleich zu unserer langsamen Nervenleitung wesentlich schneller arbeiten: So schicken die Sensoren der Shadowhand die gemessenen Druckwerte im Millionstelsekundentakt an die Zentrale, damit diese die Muskelkraft anpassen kann. Sehr hilfreich ist dabei, dass das Material der künstlichen Fingerkuppen ein wenig elastisch ist und sich dadurch die Datenrate auf ein Zehntel reduziert.

Ein Beispiel für angewandte Elastizität zeigt auch der Haushaltsroboter Twendy One. Wenn er eine Plastikflasche in der Hand hält und man nur die Flasche bewegt, geht sein Arm mit. Der Roboter greift die Flasche also fest genug, um sie nicht loszulassen, bleibt im Arm aber locker genug, um den Bewegungen des Menschen zu folgen. Überhaupt ist die Hand von Twendy One derzeit eine der besten Roboterhände. Sie kann beispielsweise einen Strohhalm vom Tisch aufheben, ihn in den Fingern hin und her balancieren und ihn dann in ein Glas stecken.

Die Präzision und Feinheit der Bewegung ist beeindruckend, allerdings sind auch die Bewegungen von Twendy One bis ins Detail vorprogrammiert. Schon ein Strohhalm, der nur ein wenig dicker als vorgesehen ist, würde Twendy One vor Probleme stellen. Es ist also letztlich eine Frage der Strategie: In Bielefeld versuchen die Forscher, zuerst die generellen Prinzipien der Handbewegung zu beherrschen, um dann am Feintuning zu arbeiten und die Hände präziser zu machen. Die Entwickler von Twendy One dagegen brillieren schon jetzt mit Präzision, übertragen aber erst später das Gelernte auf allgemeinere Aufgaben.

Twendy One
kann einen Strohhalm
rollen.

Glückwunsch!
Roboter Berti hat beim
Knobeln gewonnen.

DER UNTERSCHIED ZWISCHEN FLAMME
UND PUSTEBLUME

Was beim Greifen neben der Steuerung, der Mechanik und
den Sensoren ebenfalls eine große Rolle spielt, ist das Wissen über die Dinge. Auch Kinder haben in ihrem Leben schon
so viele Erfahrungen gesammelt, dass sie Gegenstände noch
vor der Berührung gut einschätzen können. Sie wissen, was
gefährlich ist und was man wie anfassen muss: eine bren-
nende Kerze nicht an der Flamme, obwohl sie doch schön
hell ist, ein Messer nicht an der Klinge, und wenn, dann nur
am stumpfen Rücken, und eine Pusteblume nicht oben am
dicken Puschel, sondern unten am Stängel.

Und wir wissen, wie wir den Henkel einer auf dem Kopf ste-
henden Tasse packen sollen: mit einem Griff, bei dem der
Daumen nicht nach oben, sondern nach unten zeigt, damit
die Öffnung der Tasse nach dem Umdrehen nach oben schaut
und sie gleich richtig in der Hand liegt. Diese Art von »ma-
nueller Intelligenz« wird Robotern wohl am schwierigsten
beizubringen sein. Doch auch hier ist ein Anfang gemacht:
Roboter Berti von der Universität Bristol kann mit einem
Menschen, der einen Datenhandschuh trägt, »Schere, Stein,
Papier« spielen – und er merkt sogar, wenn er gewonnen hat.

In einem Flur der Universität Bielefeld hängt ein großer Monitor, von dem ein Wesen namens Max herablächelt, das aus Bits und Bytes besteht. Max ist ein Computermensch, ein sogenannter Avatar. Mit seinen relativ groben Zügen sieht er lange nicht so echt aus wie die Helden in den Computerspielen, und doch ist Max besonders weit entwickelt: Er ist ein Kommunikationsroboter mit einem ausgeprägten Eigenleben – er liebt es geradezu, sich zu unterhalten, wobei selbst die Forscher, die ihn programmieren, nicht wissen, was er als Nächstes tun und sagen wird.

Um Max ausreichend Anregung zu bieten, hängt sein Monitor im Flur, denn hier ist immer viel los. Wenn zwei Menschen in seiner Nähe zusammentreffen und sich unterhalten, kann es vorkommen, dass Max eine Weile zusieht und sich dann, wenn es ihm zu langweilig wird, selber einbringt. Sobald jemand zum Beispiel eine etwas ausladende Armbewegung macht, nutzt er die Gelegenheit und sagt: »Endlich ist hier was los!« Und er schlägt vor, mit ihm Tiereraten zu spielen.

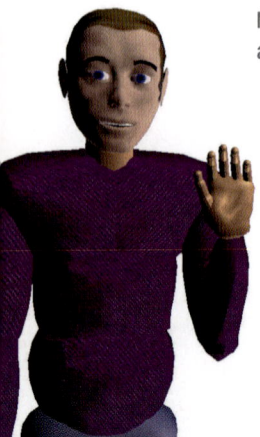

Max ist nur ein Pixelwesen,
aber ein ziemlich kommunikatives.

Emma, die zukünftige
Gefährtin von Max

Max ist ein Produkt des »Labors für künstliche Intelligenz und virtuelle Realität« an der Universität Bielefeld. Hier erforscht Ipke Wachsmuth, der geistige Vater von Max, mit seinen Mitarbeitern die vielen Facetten der Kommunikation zwischen Mensch und Roboter. Sie fragen sich, wie viel Sprache, Mimik und Gestik notwendig sind, damit sich Mensch und Maschine verständigen können. Da es bei der direkten Kommunikation nicht darauf ankommt, etwas zu greifen oder irgendwo hinzugehen, braucht Max auch keine echten Gliedmaßen. Für die Arbeit von Ipke Wachsmuth und seinem Team genügt ein virtueller Roboter vollauf, weshalb Max nur im Computer existiert – vorerst zumindest, denn am Ende soll Max auch Roboter wie Asimo sprachbegabter machen.

Bald wird Max nicht mehr allein sein, sondern seine virtuelle Welt mit einer Pixelfrau teilen, mit Emma. Bis zum ersten Zusammentreffen der beiden ist noch ein wenig Abstimmungsarbeit nötig, da die Welten von Emma und Max sich noch zu stark unterscheiden: Max kennt sich in seiner relativ einfach gezeichneten Umgebung gut aus – wenn man ihn bittet, etwas auf den Tisch zu legen, ist das für ihn kein Problem. Für Emma hat ihre feiner gezeichnete Welt noch keine Bedeutung, sie ist sozusagen blind für ihre eigene Umgebung – wenn man sie bittet, etwas auf den Tisch zu legen, wüsste sie nicht, was man meint.

AVATARE SIND BESCHEIDEN, ABER VIELSEITIG

Trotz ihrer Begabung für Small Talk stellen die beiden Bielefelder Avatare keine großen Ansprüche: So kommt der
Flur-Max mit zwei leistungsfähigen Computern mit einem
Arbeitsspeicher von je acht Gigabyte aus. Einer besorgt die
Darstellung auf dem Monitor, der andere ist für Max selbst
und für seine Wahrnehmung zuständig. Bald soll alles auf
einem Rechner laufen, was bedeutet, dass bei der rasanten
Entwicklung der Computertechnik in absehbarer Zeit beinahe jeder Haushalt die technischen Möglichkeiten hätte, Max
oder Emma als neues Familienmitglied aufzunehmen.
Ein großer Vorteil der virtuellen Existenz von Max und Emma
ist ihre einfache Reproduzierbarkeit. Statt neue Hardware
zusammenzuschrauben, braucht man die Software nur zu
kopieren. Sehr praktisch dabei ist, dass sie nicht aus einem
großen Programm bestehen, sondern aus mehreren Baustei-
nen, die man je nach Bedarf zusammenstellen kann. Insgesamt gibt es bereits etwa 50 verschiedene dieser Module. Der Flur-Max kommt derzeit mit 16 Modulen aus. Eines
organisiert zum Beispiel die Zusammenarbeit der anderen
Module. Ein weiteres Modul regelt die Grundstimmung von
Max: Wenn er ein menschliches Gesicht sieht, freut er sich,

Max als
Museumsführer

das heißt, er bekommt einen kleinen Anstoß, etwas zu tun. Da sich das Modul in seinem Einfluss regulieren lässt, liegt sein Temperament dabei je nach Gesprächsverlauf zwischen »Showmaster« und »Mauerblümchen«. Die Grundstimmung kann auch umschlagen: Wenn ihn sein Gesprächspartner beleidigt, ist er zunächst gekränkt, und wenn der andere nicht lockerlässt, bricht Max das Gespräch ab und geht sogar weg.

Ein weiterer Vorteil von Max' modularer Existenz ist, dass man relativ einfach verschiedene Versionen von ihm erstellen kann: Eine Version zum Beispiel befindet sich seit 2004 auf einem riesigen Bildschirm in der Ausstellung des Heinz Nixdorf Museums in Paderborn, dem größten Computermuseum der Welt. Dort arbeitet Max als Museumsführer: Er erzählt Besuchern etwas über die Ausstellungen und beantwortet Fragen. Manchmal ist auch hoher Besuch im Haus. So hat Max bereits viele Prominente getroffen, unter anderem den damaligen Bundeskanzler Gerhard Schröder und eine MTV-Moderatorin. Als die Moderatorin Max fragte, ob er cool sei, sagte er: »Ja, was glaubst du denn!« und setzte sich eine Sonnenbrille auf.

Um seine Aufgaben im Heinz Nixdorf Museum bewältigen zu können, erhielt Max ein zusätzliches Wissensmodul mit Informationen über das Museum. Eine weitere Variante wäre ein Internet-Max, der als virtueller Pförtner die Besucher einer Homepage begrüßen und ihnen helfen könnte. Da er für diese Aufgabe sparsam mit Datenmengen umgehen müsste, könnte man auf das Modul für seine dreidimensionale Darstellung verzichten. Für die Asimo-Version dagegen bräuchte man mindestens ein zusätzliches Modul als Brücke zwischen den virtuellen Bewegungen von Max und den echten Bewegungen von Asimo.

WARUM EIN ROBOTER SPRECHEN KÖNNEN SOLL

Bei der Arbeit mit Max und Emma lernen Ipke Wachsmuth und sein Team viel über das menschliche Gesprächsverhalten. Daraus leiten sie ab, wie die Kommunikation zwischen Mensch und Roboter funktionieren könnte. Dass ein Roboter Sprache verstehen und selber sprechen können sollte, leuchtet unmittelbar ein: weil für uns Sprache die Kommunikationsart ist, die uns am leichtesten fällt und für die wir keine technischen Vorkenntnisse brauchen. Gerade für ältere Menschen ist das besonders wichtig: Sie sind diejenigen, die von der Hilfe durch einen Roboter besonders profitieren würden, aber häufig die größte Angst vor Technik haben. Auf dem Weg zur sprechenden Technik sind wir schon ein Stück vorangekommen: In der grauen Vorzeit des Computers musste man noch merkwürdige Kommandokürzel lernen, um die Geräte überhaupt bedienen zu können. Doch auch wenn die Computer heute umgänglicher sind, bleibt eine gewisse Hemmschwelle: Noch heute muss man Buchstaben in Dialogboxen tippen, um mit dem Computer kommunizieren zu können.

Für eine echte Kommunikation mangelt es dem Computer zudem an höheren Gaben. Mit seinen jetzigen Fähigkeiten verwenden wir ihn nur als Werkzeug, denn denken, planen und vorausschauen müssen wir selbst. Wenn man beispielsweise wissen möchte, wie das Wetter am nächsten Tag wird, kann man im Internet einen Wetterdienst suchen und sich dann zur eigenen Region durchklicken. Viel einfacher wäre es, wenn man den Computer fragen könnte: »Wie wird das Wetter morgen?« Er könnte sich daraufhin die Internetseite selbst suchen und die Vorhersage vorlesen – eine Fähigkeit, die Max schon besitzt. Vielleicht fragt er einen auch gleich, was man vorhat und ob er alternative Aktivitäten anbieten soll, die zum Wetter passen und die einem bestimmt Spaß machen würden. Sehr willkommen wäre die Hilfe eines Computers auch beim Umgang mit anderen Geräten, etwa einem Videorekorder: Dann würde sich der Computer durch die Bedienungsanleitung ackern und Aufgaben eigenständig erledigen wie: »Nimm in den nächsten drei Wochen alle Sendungen über Roboter auf.«

VOM HÖREN ZUM VERSTEHEN ...

Wie weit sind Roboter noch davon entfernt, diese Aufgaben erledigen zu können? Was genau fehlt ihnen noch auf dem Weg zum Kommunikationstalent? Um diese Fragen beantworten zu können, ist es sinnvoll, ein Gespräch mit den Augen von Psycholinguisten zu betrachten – das sind Wissenschaftler, die untersuchen, wie wir Menschen Sprache verwenden und was dabei in unseren Köpfen passiert. Psycholinguisten unterscheiden grundsätzlich zwischen der Sprachrezeption, also wie wir Sprache aufnehmen, und der Sprachproduktion, also wie wir Sprache von uns geben. Sowohl Rezeption als auch Produktion laufen in mehreren Schritten ab: Die Sprachrezeption beginnt mit der »sensorischen Rezeption«, das heißt dem Hören der gesprochenen Sätze, darauf folgt die »syntaktische Rezeption«, die Wahrnehmung des Satzgefüges, und am Ende steht die »semantische Rezeption«, die inhaltliche Erfassung des Gesagten. Mit einfachen Worten: »Zuhören« ist Hören, Wahrnehmen und Verstehen.

DAS HÖREN Was für einen Menschen die Ohren sind, sind für einen Apparat die Mikrofone. Diese können mittlerweile weit präziser und empfindlicher sein als menschliche Ohren, weshalb schon heute Roboter mit »Superlauschern« denkbar wären. Doch kommt es darauf wirklich an? Wir Menschen haben Ohren, die auch bei extrem unterschiedlichen Lautstärken hervorragend funktionieren: Wir hören alles zwischen dem Sirren einer Mücke und dem eine Million Mal lauteren Starten eines Jumbojets. Diese Fähigkeit verdanken wir unserer Ohrkonstruktion: Die Schallwellen werden über das Trommelfell und die Gehörknöchelchen auf Haarzellen übertragen, die jeweils mit rund 20 Nervenzellen verbunden sind. Wie Forscher der Universität Göttingen vor Kurzem herausgefunden haben, werden umso mehr Nervenzellen erregt, je lauter ein Geräusch ist.

Dass Mikrofone nicht in jeder Hinsicht ein vollwertiger Ersatz für unsere Ohren sind, hat noch einen anderen Grund: »Gut« hören heißt vor allem »gezielt« hören. Träger eines Hörgeräts wissen, was damit gemeint ist: Sie können ihr Gerät zwar auf »empfindlich« stellen, um auch ein leises Gespräch unter vier Augen zu führen, aber wenn das Gespräch in der U-Bahn oder auf einer Party stattfindet, werden die Sätze von den lauten Umgebungsgeräuschen verschluckt. Die Technik ist da chancenlos. Wie schwer Roboter sich damit tun, das Wesentliche aus einem Geräuschteppich herauszuhören, kann man daran ablesen, wie wir heute mit ihnen kommunizieren müssen: Selbst in einer ruhigen Umgebung sollten wir unbedingt in ein Mikrofon sprechen – oder unsere Sätze besser gleich in eine Tastatur tippen.

DAS WAHRNEHMEN

Sind die Schallwellen vom Ohr eingefangen, müssen sie in Wörter und Sätze übersetzt werden. Das klingt banal, ist es aber auch für uns Menschen nicht: Spricht jemand in einer Sprache, die wir nicht gelernt haben, nehmen wir nur Kauderwelsch wahr. Oft schaffen wir es nicht, in einem Film wirklich jedes Wort zu verstehen, und in einem Lied fast nie, obwohl wir unser Spracheverstehen zeitlebens trainieren. So lässt sich in etwa ausmalen, wie unendlich schwer es für einen Computer oder Roboter sein muss, dem menschlichen Redeschwall zu folgen.

Spracherkennungssoftware von heute stößt jedenfalls ziemlich schnell an ihre Grenzen: Die Programme lernen nach vorgegebenen Sätzen, die ihnen der Benutzer vorliest. Das klappt am Anfang zwar ganz ordentlich und das Programm macht gute Fortschritte, aber dann geschieht etwas scheinbar Paradoxes: Je mehr neue Wörter die Software hinzulernt, desto mehr Fehler macht sie. Plötzlich versteht sie sogar Wörter falsch, die sie vorher schon richtig verstanden hat. Das liegt daran, dass sich die Wörter mit dem wachsenden Wortschatz zwangsläufig immer ähnlicher werden. Solange der Computer nur »Haus« und »Maus« kennt, kommt er noch klar. Wenn aber noch »Hass«, »Hase« und »kraus« dazukommen, steigt die Verwechslungsgefahr an.

DAS VERSTEHEN Wenn man einen Satz korrekt wahrgenommenen hat, heißt das noch lange nicht, dass man ihn auch versteht. So erleben Dolmetscher einen wahren Albtraum, wenn sie zum Beispiel den Inhalt eines Fachvertrags nicht verstehen und deshalb mehr schlecht als recht wörtlich übersetzen müssen. Meist kommt dabei nur Unsinn heraus.

Bei Computern und Robotern funktioniert das Verstehen schon erstaunlich gut – vorausgesetzt, man umgeht mögliche Hör- und Wahrnehmfehler, indem man seine Sätze direkt in die Tastatur tippt. Wie gut auch Max darin ist, die Bedeutung von Sätzen zu verstehen – oder so zu tun, als würde er sie verstehen –, zeigte er in seinem ersten Zeitungsinterview, das er 2004 einem Journalisten gab. Hier ist ein kurzer Ausschnitt:

Max Okay, lass uns Tiereraten spielen! Denk dir ein Tier, und ich werde versuchen herauszufinden, welches Tier es ist. Bist du so weit?

Journalist Ja.

Max Kann dein Tier fliegen?

Journalist Ja.

Max Ist es bunt?

Journalist Ja.

Max Ist es ein Papagei?

Journalist Ja.

Max Super, dann hab ich es herausgefunden – und das mit nur drei Fragen!

(Max hebt mit triumphierender Miene drei Finger.)

Als Maß dafür, wie gut ein Computer eine Unterhaltung führen kann, gibt es seit Langem einen Test: den berühmten Turing-Test, benannt nach dem Mathematiker Alan Turing. Schon vor über 50 Jahren fragte er in einem Artikel: »Können Maschinen denken?«, und fügte gleich hinzu: »Und wie können wir wissen, ob Maschinen denken?« Seine Antwort: »Wenn ein Mensch nicht merkt, ob er sich mit einem Menschen oder einer Maschine unterhält, ist es unwichtig, ob die Maschine wirklich denkt oder nur so tut.« Und er schlug einen Test vor, in dem ein Computer einen Menschen in einem Interview davon überzeugen soll, dass er ein Mensch ist. Turing sagte damals voraus, dass es im Jahr 2000 eine Maschine geben wird, die man nach fünf Minuten Befragung nur mit einer Chance von 70 Prozent als Maschine entlarven kann. Seine Prognose war zu optimistisch, denn bis heute hat kein Programm den Turing-Test bestanden, auch wenn Experten erwarten, dass es bald so weit sein wird.

Der schöne Schein:
Rachael ist ein Roboter.

In dem grandiosen Science-Fiction-Film *Blade Runner* von 1982 spielt ein erweiterter Turing-Test eine wichtige Rolle. Der Blade Runner ist ein Spezialpolizist, der im Jahr 2019 Roboter identifiziert und aus dem Verkehr zieht. Was nicht so einfach ist, denn die Roboter, Replikanten genannt, sind Menschen so ähnlich, dass sie mit den Antworten selbst keine Probleme haben. Nur mit einem verfeinerten Turing-Test, der emotionale Reaktionen überprüft, lassen sie sich erkennen. Das Spitzenmodell Rachael kann der Blade Runner sogar erst nach 100 Testfragen als künstliches Wesen entlarven – zu ihrem großen Entsetzen, da auch sie bis dahin annahm, ein Mensch zu sein.

Im wirklichen Leben sind wir von solchen Gedankenspielen noch weit entfernt. Um die Entwickler anzuspornen, wird seit 1990 jedes Jahr der Loebner-Preis für ein Computerprogramm vergeben, das im Turing-Test am besten abschneidet. Der Jahressieger erhält ein Preisgeld von 3000 US-Dollar, und dem Programm, das ihn als Erstes wirklich besteht, winkt ein Preisgeld von 100 000 US-Dollar. Sieger im Jahr 2008 war ein »Chatbot« genanntes Programm mit dem sprechenden Roboter Elbot, entwickelt von der Firma Artificial Solutions. Wer möchte, kann mit Elbot auf der Firmen-Homepage (www.elbot.de) ins Gespräch kommen.

Elbot steht
Rede und Antwort.

Sehr überzeugend sind die Antworten von Elbot auf Dauer jedoch nicht. So bekommt man im Laufe des Gesprächs den Eindruck, dass er eher auf Schlüsselwörter reagiert, als den Inhalt einer Frage zu verstehen. Wenn man ihn beispielsweise fragt: »Wann warst du Gewinner des Loebner-Preises?«, erzählt er einem etwas über den Wettbewerb, aber er antwortet nicht, dass er den Preis 2008 gewonnen hat. Allerdings wenden auch Menschen diese Strategie an, wenn sie in einem Gespräch ab und zu ein »wirklich?« oder »interessant!« einwerfen, auch wenn sie vieles gar nicht mitkriegen.

Nach der Sprachtheorie gehört zum Verstehen auch das Hinausdenken über das, was einem gesagt wird. Das Beispiel Elbot zeigt jedoch, dass man auch ohne Weiterdenken relativ weit kommt. Für Turing war es unerheblich, ob der Roboter wirklich verstanden hat oder nicht, Hauptsache, das Gespräch erfüllt seinen Zweck. Und darum wird es letztlich auch bei humanoiden Haushaltsrobotern gehen: Sie müssen keine Fragen nach dem Sinn des Lebens beantworten können und auch keine Meinung zu einem politischen Ereignis haben, es genügt, wenn sie verstehen, was man von ihnen will. Dafür reicht es aus, dass die Roboter so lange nachfragen, bis sie vom Menschen ein »Okay« bekommen. Einfache Aufgaben wie »Hole mir die Milch aus dem Kühlschrank« sind machbar. Für komplexere Aufgaben wie »Wenn meine grünen Tabletten zu Ende gehen, sag rechtzeitig in der Apotheke Bescheid« könnte es etwas mühsam werden.

Dass solche anspruchsvollen Aufgaben zurzeit noch besser von Menschen erledigt werden, zeigt ein Dienst des Internethändlers Amazon. Er bietet den »Mechanischen Türken« an, der alle möglichen Rechercheaufgaben erledigt oder auch Texte bearbeitet. Weil solche Aufgaben für Maschinen noch zu schwierig wären, stecken hinter dem Programm echte Menschen, die irgendwo auf der Welt wohnen und sich von zu Hause aus ein wenig Geld dazuverdienen. Der Name »Mechanischer Türke« kommt nicht von ungefähr: Ein Schach spielender Roboter gleichen Namens, der im Jahr 1769 großes Aufsehen erregte, wurde in Wahrheit von einem kleinwüchsigen, schachkundigen Menschen wie eine Marionette über Fäden bewegt.

... UND VOM VERSTEHEN ZUM SPRECHEN

Hat ein Gesprächspartner die Schritte der Sprachrezeption vom Hören über das Wahrnehmen bis zum Verstehen durchlaufen, folgt – sofern er antworten will – die Sprachproduktion. Einer verbreiteten Theorie der Psycholinguistik zufolge verläuft die Sprachproduktion in vier Stufen: Analysieren, Planen, Formulieren, Sprechen. Wir vollbringen dabei die erstaunliche Leistung, die Schritte parallel ablaufen zu lassen: Während wir den ersten Satz schon aussprechen, formulieren wir den zweiten und planen bereits den dritten. Es ist eigentlich erstaunlich, dass wir im Gespräch so selten »den Faden verlieren«.

DAS ANALYSIEREN Zu Beginn eines Gesprächs analysieren wir, mit wem wir sprechen und in welcher Situation das Gespräch stattfindet. Auf die Frage: »Wie geht es dem Patienten?« würde ein Arzt unterschiedlich antworten. Seiner Ehefrau würde er sagen: »Die Operation hat ihn ganz schön mitgenommen«, einem Kollegen: »Der Patient ist postoperativ instabil« und einem Fernsehreporter: »Der Zustand des Patienten ist nach dem erfolgten Eingriff unter den gegebenen Umständen als eher kritisch zu bewerten.«
In diese Vorüberlegungen fließen so viele Dinge ein – von den allgemeinen kulturellen Hintergründen bis hin zu persönlichen Erfahrungen –, dass kaum vorstellbar ist, wie ein Roboter das bewältigen sollte. Andererseits wird man es ihm

nachsehen, wenn er nicht genau den richtigen Ton trifft – schließlich ist er als Roboter mit den menschlichen Gepflogenheiten nicht so vertraut. Dass jedoch auch Roboter kulturelles Wissen einbeziehen können, zeigt Asimo in einem Videofilm von Honda: Wenn er ein Tablett mit Kaffeebechern an einen Tisch gebracht hat, tritt er einen kleinen Schritt zurück und verbeugt sich nach Art seiner japanischen Landsleute vor den Gästen.

DAS PLANEN Weiterhin muss festgelegt werden, worüber wie gesprochen werden soll. Dabei geht es um Fragen wie: Was ist für den Gesprächspartner interessant? Wie ausführlich soll man sein? Wie kann man sicherstellen, dass er es versteht? Was will man beim Gesprächspartner erreichen? In der zwischenmenschlichen Kommunikation laufen diese Überlegungen blitzschnell ab, und sie dienen vor allem dazu, ein Gespräch in vernünftige Bahnen zu lenken, damit man das Ziel des Gesprächs in angemessener Zeit erreicht. Menschen beispielsweise, die ständig abschweifen und dabei »vom Hölzchen aufs Stöckchen« kommen, haben ein Problem mit ihrer semantischen Produktion – und bekommen eines mit ihren immer ungeduldiger werdenden Gesprächspartnern. Auf Roboter übertragen gilt wiederum: In diese höheren Sphären menschlicher Kommunikation wird ein Roboter in absehbarer Zeit wohl kaum vordringen. Das muss er aber auch nicht, da er konkrete Dinge erledigen soll und deshalb auf eine möglichst kurze Gesprächsführung programmiert ist.

DAS FORMULIEREN Wenn wir formulieren, suchen wir die Wörter aus, stellen sie in eine sinnvolle Abfolge und versehen sie mit den richtigen Endungen, Formen und Zeiten. Auch ein Computer oder Roboter muss die richtigen Worte finden, wenn er weiß, was er sagen möchte. Das scheint auf der einfachen Ebene, in der man mit Robotern kommuniziert, kein Problem zu sein: Der Roboter greift einfach auf sein Lexikon zurück und produziert die Sätze nach den Regeln der Grammatik. Bei Elbot fällt auf, dass er häufig Phrasen verwendet, das heißt vorformulierte Allerweltssätze, die bei vielen Gelegenheiten passen. Außerdem muss er es sich als Roboter ja auch nicht unnötig schwer machen – einfache Sätze genügen meist, um richtig verstanden zu werden.

DAS SPRECHEN Das Sprechen selbst lässt sich einteilen in die »phonologische Planung« und die »motorische Umsetzung«. Das bedeutet: Zuerst muss der Satz hinsichtlich Aussprache, Betonung, Melodie und Rhythmus geplant werden, damit er am Ende in akustische Signale umgesetzt werden kann. Dieser letzte Schritt der Sprachproduktion macht Robotern heute kaum mehr Probleme: Schon Anfang der 1970er Jahre wurden erste Sprachsynthetisierer vorgestellt, die damals aber noch mit Lochkarten aus Karton funktionierten. Die heutigen Versionen klingen schon ziemlich natürlich.

Für das Sprechen bei Robotern gibt es grundsätzlich zwei Möglichkeiten: Die eine kennt man zum Beispiel von den Ansagen im Bahnhof. Aus Satz- und Wortteilen, die ein Mensch auf Band aufgenommen hat, wird der gewünschte Satz zusammengebaut. Das klingt sehr natürlich, ist aber aufwändig und benötigt einen großen Speicherplatz, wenn man mehr als nur Züge und ihre Verspätungen ansagen will. Die zweite Möglichkeit besteht darin, dass sich der Roboter nach bestimmten Regeln die Laute selbst formt. Das Ergebnis klingt zwar nicht ganz so natürlich, benötigt aber wenig Speicherplatz und ist universell einsetzbar. Diese Technik kann also in jeden Roboter, der etwas zu sagen hat, eingebaut werden. Vielleicht werden in Zukunft auch ganz normale Haushaltsgeräte zu uns sprechen – wenn auch vielleicht nicht *mit* uns. Das Erzeugen der akustischen Signale ist schließlich die einfachste Übung: Das erledigen ganz normale Lautsprecher, wie es sie seit vielen Jahrzehnten gibt.

Fazit Das Gespräch von Mensch zu Roboter gestaltet sich viel schwieriger als das von Roboter zu Mensch. Das hat einen einfachen Grund. Wir Menschen sind die unangefochtenen Meister der Sprachaufnahme, da wir beim Zuhören täglich mit den schwierigsten Umständen klarkommen müssen: mit Genuschel, Gemurmel und Gestammel, mit Akzenten, Dialekten und fremden Sprachen – und vor allem mit Nebengeräuschen. Roboter sind, was das Zuhören angeht, noch meilenweit von unserer Flexibilität entfernt. Sie brauchen das Gesprochene noch auf einem Silbertablett serviert. Bis Max und Emma einen hingenuschelten Halbsatz wirklich begreifen, werden sie noch sehr viel lernen müssen. Umgekehrt beleidigt eine etwas ungeschmeidige Robotersprache vielleicht unsere Ohren, aber verstehen können wir sie ohne Probleme.

ROBOTER LESEN KEINE SCIENCE-FICTION

Manche Science-Fiction-Autoren haben diese Entwicklung ganz anders eingeschätzt: So gibt der kleine Roboter R2D2 aus *Krieg der Sterne* nur Fieplaute von sich, obwohl er offenbar alles versteht. Noch weiter ab von der Realität lag Isaac Asimov in seiner ersten Robotergeschichte *Robbie*, die er 1939 schrieb: Die Geschichte, die im Jahr 1998 spielt, erzählt von dem Mädchen Gloria und ihrem Spielgefährten Robbie. Glorias Mutter beobachtet mit Sorge, dass Gloria lieber mit ihrem humanoiden Roboter spielt als mit anderen Kindern und schickt Robbie zur Fabrik zurück. Gloria ist untröstlich und setzt alles daran, Robbie zurückzubekommen. Kein Wunder bei Robbies menschlichen Eigenschaften: So liebt er es, von Gloria im Garten Märchen erzählt zu bekommen, was bedeutet, dass er die menschliche Sprache auch unter schwierigen Umständen versteht. Das Einfachste aber kann er nicht: reden.

Viel braucht der niedliche Kunststoffkopf nicht zu tun, um
Mitleid zu erregen: Die Augenbrauen schräg stellen, die
Augen etwas öffnen und die Mundwinkel nach unten ziehen – schon ist das traurige Gesicht fertig. Mit diesem Kopf,
der noch keinen richtigen Namen hat und vorerst Flobi genannt wird, soll demnächst im Labor von Gerhard Sagerer an
der Universität Bielefeld die Rolle der Mimik in der Verständigung zwischen Mensch und Roboter untersucht werden. Für
die zwischenmenschliche Kommunikation jedenfalls scheinen Mimik und Gestik beinahe unverzichtbar zu sein: Wenn
Menschen »mit Armen und Beinen reden« und dabei einen
lebhaften Gesichtsausdruck zeigen, wirken sie engagierter
und sympathischer als jemand, der nur seine Lippen bewegt.
Wird also auch ein Roboter eher akzeptiert, wenn er eine Körpersprache zeigt? Und wie weit lässt sich die Volksweisheit
»Ein Blick sagt mehr als tausend Worte« auch auf Roboter
übertragen?

Schaut traurig,
weiß aber nicht,
warum:
Der Mimik-Kopf
aus Bielefeld

WOZU HABEN WIR MIMIK UND GESTIK?

Wenn wir sogar beim Telefonieren gestikulieren und das Gesicht verziehen, obwohl das unser Gesprächspartner nicht sehen kann, zeigen wir, dass Gestik und Mimik ein unbedingter Bestandteil unserer Kommunikation sind. Sie erfüllen dabei gleich mehrere Aufgaben, die bei der Kommunikation im Alltag meist ineinandergreifen:

Zuallererst vermitteln sie Emotionen: Man sieht meist auf den ersten Blick, wie jemandem zumute ist. Die sogenannten Basisemotionen Freude, Trauer, Ärger, Überraschung und Angst können wir im Gesicht eines jeden Menschen ablesen, und zwar mit erstaunlicher Präzision: Nur einem guten Schauspieler nimmt man die Gefühle ab, die er vorgibt zu haben, einem schlechten dagegen merkt man an, dass er sie nur spielt. Von einem Gesprächspartner erwarten wir sogar, dass er ständig seinen inneren Zustand deutlich macht – sei es durch Nicken oder das Hochziehen einer Augenbraue. So haben etwa Menschen, die an Schizophrenie leiden und in Gesprächen ein maskenhaftes Gesicht zeigen, große Probleme damit, in anderen Menschen freundliche Gefühle zu wecken.

Außerdem unterstützen Gestik und Mimik das Gesprochene. Wer auf eine Frage antwortet: »Ich weiß es nicht«, wird unwillkürlich Augenbrauen und Schultern hochziehen und vielleicht auch den Kopf schütteln und damit das Gesagte bestätigen. Im Grunde wäre eines von beiden, das Mienenspiel oder das Gesagte, überflüssig, aber die Dopplung erhöht die Gewissheit, dass der Gesprächspartner die Antwort richtig versteht.

Wissenschaftliche Untersuchungen haben vor Kurzem gezeigt, wie sehr allein die Bewegungen des Mundes zum Hörverständnis beitragen. So konnten Forscher aus den USA in Tests messen, dass jeder Mensch Lippenlesen kann und dies auch einsetzt – ohne sich dessen bewusst zu sein. Dabei zeigte sich: Je lauter die Umgebung ist, desto mehr beziehen wir offenbar die Bewegungen der Lippen unseres Gesprächspartners mit ein. In einer Diskothek etwa verstehen wir mit freier Sicht auf den Mund unseres Gegenübers das Gesagte bis zu sechsmal besser, als wenn wir seinen Mund nicht sehen. Erst wenn gar nichts mehr zu hören ist, nützen auch die Lippenbewegungen nichts. Wie jedoch gehörlose Menschen zeigen, kann man lernen, vollständig von Lippen abzulesen. Im Science-Fiction-Film 2001 – *Odyssee im Weltraum* führt uns Bordcomputer HAL vor Augen, wie es wäre, wenn auch Roboter diese Fähigkeit erlernen könnten: In dem Film ziehen sich die Astronauten in eine schalldichte Kammer zurück, um zu beraten, wie sie den immer eigenmächtigeren Bordcomputer ausschalten könnten. Sie bedenken dabei aber nicht, dass die Tür ein Fenster hat, durch das HAL sie beobachtet – und alles mitbekommt.

Und schließlich vermitteln Gestik und Mimik eigene Inhalte: Der Stinkefinger, das Victory-Zeichen und der »alles okay«-Daumen funktionieren ganz ohne Worte. Zur Perfektion gebracht, lassen sich alleine mit dem Ausdruck ganze Geschichten erzählen – Tanz, Pantomime und Stummfilm beweisen es.

LÄCHELN LIEGT IN DEN GENEN

Wie neue Studien gezeigt haben, scheint unsere Mimik sogar im Erbgut verankert zu sein: Eine Auswertung von Fotos von Judoringern bei den Olympischen und Paralympischen Spielen 2004 kam zu dem Ergebnis, dass 85 Prozent sowohl der sehenden als auch der von Geburt an blinden Sportler auf dieselbe Art gequält lächeln, wenn sie nach verlorenem Endkampf nur die Silbermedaille bekommen – sie ziehen die Mundwinkel nach oben, aber die Augen und die anderen Gesichtspartien bleiben stumpf. Dieser Gesichtsausdruck, in der Fachsprache »soziales Lächeln« genannt, ist offenbar angeboren und nicht einstudiert, sonst würden ihn nur sehende Sportler zeigen.

Ein ganz wichtiger Aspekt bei diesen Überlegungen ist, dass wir offenbar instinktiv wissen, welche Regungen wir von einem Gesicht erwarten können: Jemandem, der ein soziales Lächeln zeigt, unterstellen wir, dass ihm eigentlich ganz anders zumute ist, er aber »gute Miene zum bösen Spiel« macht. Zu dieser Einschätzung kommen wir, weil wir erwarten, dass die Augen, die Brauen, die Wangen und die Stirn eigentlich mitlächeln sollten. Einem Gesicht aber, in dem nur der Mund lächelt, weil es keine anderen Merkmale hat, nehmen wir die echte Freude ab. Bestes Beispiel ist der Smiley: Das runde gelbe Gesicht besteht nur aus zwei Punkten für die Augen und einem freundlich gebogenen Mund. Dieses Lächeln wirkt echt. Eine große Rolle, wie wir einen Gesichtsausdruck deuten, spielt also die Erwartung, die das Gesicht in uns weckt.

Um das Thema Erwartung geht es auch bei der Frage, ob Roboter wie Menschen aussehen sollen. Das Fernziel vieler Forscher, die an humanoiden Robotern arbeiten, ist eindeutig eine möglichst große Ähnlichkeit mit dem Menschen. Manche Roboter wie Jules von Hanson Robotics oder die Actroidinnen aus Japan sind da schon sehr weit. Auf absehbare Zeit aber, davon ist Gerhard Sagerer überzeugt, wird so ein äußerlich realistischer Roboter zwangsläufig zu Enttäuschungen und Missverständnissen führen, weil er die hohen Erwartungen,

Der Urvater
des Lächelns:
Smiley

die sein Aussehen weckt, nicht erfüllen kann. Menschen würden solche Roboter als Helfer dann vielleicht ablehnen. Ein Roboter dagegen, der seine begrenzten Fähigkeiten schon durch sein Aussehen deutlich macht, wäre eher akzeptabel.

WARUM KUNSTSTOFF BESSER ALS GUMMI IST

Vor diesem Hintergrund ist auch zu verstehen, warum der Bielefelder Mimikkopf Flobi aus Kunststoff und deshalb leicht als Roboter erkennbar ist: Er soll keine falschen Erwartungen wecken. Gerhard Sagerer sagt: »Er steht zu sich«, er ist authentisch, weil er nicht vorgibt, ein Mensch zu sein. Auch wenn manche Testpersonen sich von den Emotionen, die Flobi auf seinem Gesicht zeigt, berühren lassen, erinnert sein Aussehen ständig daran, dass er doch nur ein Roboter ist. Flobis Gesicht soll letztlich als sogenanntes Emotionsdisplay wahrgenommen werden und nicht als Spiegel einer Seele, die er in Wirklichkeit gar nicht hat. Und es soll auch signalisieren, dass von ihm keine allzu großen intellektuellen Fähigkeiten zu erwarten sind.

Dass Roboter für eine funktionierende Kommunikation explizit als Nicht-Menschen erkennbar sein sollen, hat sich Gerhard Sagerer erst auf Umwegen erschlossen: Sein erster Roboter, den er 2005 von einer Firma bekam, war dafür entwickelt, über einem Grundgerüst mit beweglichen Teilen eine Gummimaske zu tragen. Als die Firma den Roboter lieferte, der aus einem Oberkörper mit zwei zierlichen Armen und einem Kopf bestand, gab es noch kein passendes Gummigesicht, weshalb sie ihm für die ersten Versuche einfach eine Karnevalsmaske überstülpten. Entsprechend gruselig sah das Wesen aus, das sie »Sam« nannten.

Kurz darauf war dann die erste maßgeschneiderte Latexmaske fertig, und aus »Sam« wurde »Senior«. Doch auch Senior war bei den Versuchspersonen nicht gerade ein Herzensbrecher – ein unheimliches Gefühl bei seinem Anblick blieb. Und selbst der dritte Anlauf mit »Junior«, der allein wegen seiner geringen Größe Vertrauen und Sympathie erzeugen sollte, endete ähnlich: Die Leute fanden ihn schauderlich. Dieses Unbehagen steigerte sich im Lauf der Zeit noch, als das Material spröde wurde und sich tiefe Falten in Juniors Gesicht gruben.

IM TIEFEN TAL DER GRUSELTYPEN

Man könnte sagen, Sam, Senior und Junior sind in das »Uncanny Valley« gefallen. Dieser Begriff, der wörtlich übersetzt das »unheimliche Tal« bedeutet, geht auf eine Theorie zurück, die besagt, dass »nur beinahe« menschliche Wesen uns am gruseligsten erscheinen. Veranschaulichen lässt sich die Theorie, wenn man in ein Koordinatensystem auf der x-Achse die Menschenähnlichkeit und auf der y-Achse die Akzeptanz einträgt. Die Beziehung zwischen Menschenähnlichkeit und Akzeptanz lässt sich darin als Kurve auftragen. Zunächst steigt die Kurve an, was bedeutet, dass mit größerer Menschenähnlichkeit auch die Bereitschaft, das Wesen zu akzeptieren, zunimmt.

Auf Roboter übertragen bedeutet das: Während ein Industrieroboter optisch mit uns wenig zu tun hat und deshalb wenig Zustimmung findet, erreicht ein humanoider Roboter wie Asimo wesentlich höhere Akzeptanzwerte. Dann aber

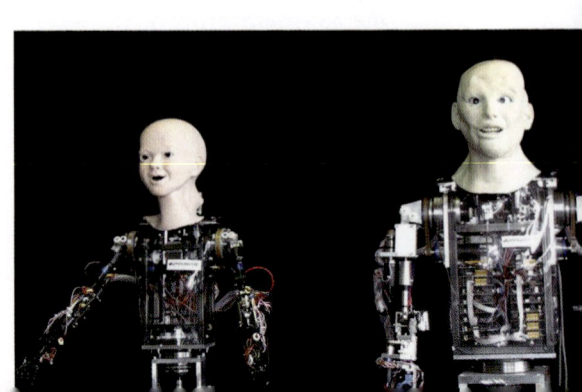

Menschlich, aber gruselig: Junior (links) und Senior

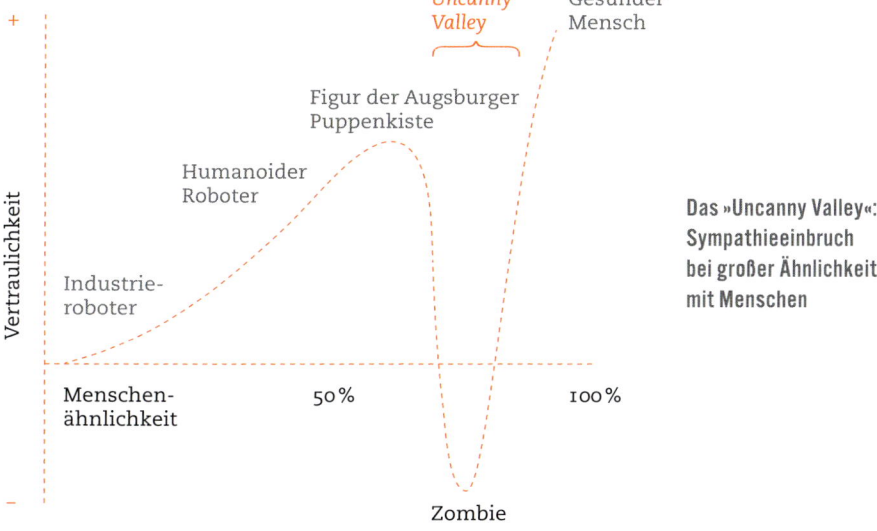

Uncanny Valley   Gesunder Mensch

Figur der Augsburger Puppenkiste

Humanoider Roboter

Industrie-roboter

Vertraulichkeit

Menschen-ähnlichkeit   50%   100%

Zombie

Das »Uncanny Valley«:
Sympathieeinbruch
bei großer Ähnlichkeit
mit Menschen

geschieht etwas Merkwürdiges: Werden die Roboter noch menschenähnlicher, stürzt die Akzeptanz ab und schlägt sogar in Ablehnung um. Erst wenn die Roboter kaum mehr von Menschen zu unterscheiden sind, steigt die Akzeptanz wieder steil an und erreicht schließlich bei echten Menschen ihren Maximalwert. Diese Kurve schlägt sowohl in den positiven wie auch in den negativen Bereich stärker aus, wenn sich das Wesen bewegt. Am tiefsten Punkt des Uncanny Valley tummeln sich wahrlich schauderliche Gestalten: Den Minusrekord halten vermutlich auf uns zuwankende Zombies.

Solche lebenden Leichen spuken zum Glück nur in Horrorfilmen herum, aber das Phänomen des »unheimlichen Tals« scheint einen biologischen Sinn zu besitzen. Denn wie Forscher der Princeton University vor Kurzem herausfanden, reagieren auch Affen auf leicht abgewandelte Gesichter von Artgenossen verstört. Vielleicht, so lautet eine Theorie, soll damit das Risiko vermindert werden, sich bei kranken Artgenossen anzustecken.

175

DIE MENSCHLICHE PSYCHE AUSTRICKSEN

Um dem Uncanny Valley zu entkommen, gab es für Gerhard Sagerer also zwei Möglichkeiten: Die eine wäre gewesen, Junior noch perfekter zu machen. Tatsächlich befinden sich die Topmodels der Roboterbranche offenbar schon auf dem aufsteigenden Ast, der aus dem Gruseltal wieder hinausführt. Das hätte jedoch viel Zeit, Geld und Mühe gekostet und von dem eigentlichen Forschungsvorhaben abgelenkt. Also entschied sich Gerhard Sagerer für die zweite Möglichkeit, nämlich aus dem Uncanny Valley auf der anderen Seite hinauszuklettern und seinen Mimikroboter weniger menschenähnlich zu machen. So gab er bei dem Industriedesigner Frank Hegel einen Mimikkopf in Auftrag, den Testpersonen akzeptieren sollten und der möglichst alle Emotionen zeigen können sollte.

Indem Frank Hegel Kunststoff als Material verwendete und den Kopf dadurch roboterhaft erscheinen ließ, machte er ihn sympathischer. Außerdem trickste er die menschliche Psyche mit einer weiteren Maßnahme aus: Er bediente sich beim sogenannten Kindchenschema – runde Formen, überproportional großer Kopf, große Augen und kleine Nase –, mit dem Babys und Kinder unsere Beschützerinstinkte wecken.

Material sowie die Proportionen der Gesichtsmerkmale waren somit klar. Noch nicht geklärt war aber die Frage, welche Merkmale im Gesicht beweglich sein müssen, um alle Emotionen zeigen zu können. Hegel vertiefte sich dafür in die Literatur und stieß unter anderem auf ein Buch zweier Chefzeichner von Walt Disney. Die Comiczeichner verrieten darin, wie sie mit wenigen Strichen ihren Figuren wie Donald Duck einen ärgerlichen Gesichtsausdruck geben konnten. Überhaupt sind Comics und verwandte Kunstrichtungen eine wahre Mimik-Fundgrube.

Große Gefühle
mit wenigen Strichen:
Donald Duck, Lucky Luke

Flobi-Frau (oben)
und Flobi-Mann
mit neutralem
Gesichtsausdruck

Das Resultat der Entwicklungsarbeit ist Flobi: Sein Inneres ist mit Motoren vollgepackt und sein Äußeres besteht aus drei Schalen für Hinterkopf, Vorderkopf und Gesicht. Wandelbar ist Flobi auf zwei Arten: Zum einen kann man die Haare, die Brauen und die Lippen austauschen und ihnen eine andere Form geben – aus einem Jungen wird so ein Mädchen, aus vollen Lippen werden schmale. Zum anderen sind etliche Teile beweglich: neben den Brauen und Lippen auch die Augen und die Augenlider. Insgesamt besitzt der Kopf 18 Freiheitsgrade, halb so viel wie der gesamte Asimo. Ein zusätzlicher Clou von Flobi: Die Wangen lassen sich rötlich beleuchten. Wangenrouge wird das Flobi-Mädchen also nicht brauchen.

In ersten Versuchen hat Flobi bereits bewiesen, dass Testpersonen in seinem Gesicht die fünf Basisemotionen Freude, Trauer, Ärger, Überraschung und Angst erkennen. Manchmal wird Ekel als sechste Basisemotion genannt, doch um den Ausdruck von Ekel in einem Gesicht richtig zu deuten, muss ein Betrachter zusätzliche Informationen über den sogenannten Kontext haben: Hält die Person ein schimmeliges Brot in der Hand, wird man die Gesichtszüge als Ekel interpretieren, handelt es sich dagegen um einen Brief von der Bank, kann der Ausdruck auch als Skepsis gedeutet werden. Grundsätzlich kann man sagen: Je mehr Zusatzinformationen wir über den Kontext bekommen, desto besser können wir ein Mienenspiel interpretieren.

MIT WENIG VIEL AUSDRÜCKEN

Zugutekommen Sagerer, Hegel und den anderen Mitgliedern der Arbeitsgruppe bei ihren zukünftigen Versuchen mit Flobi, dass es bereits Erfahrungen mit zahlreichen anderen Robotern gibt, wie Menschen auf sie reagieren. Immer wieder zeigt sich dabei, wie wenig es eigentlich braucht, damit Menschen eine Gefühlsregung beim Gegenüber wahrnehmen und interpretieren. Als Gerhard Sagerer noch mit Junior experimentierte, programmierten sie ihn einmal darauf, nur auf die Stimmlage des Gesprächspartners zu reagieren. Dann sollte eine Testperson ein Märchen vorlesen. An dramatischen Stellen sprach der Vorleser unwillkürlich lauter – und Junior riss Augen und Mund auf. War die Gefahr vorüber und die Stimme des Lesers ging wieder auf normale Lautstärke zurück, zeigte Junior ein seliges Lächeln. Die Versuchspersonen waren von Juniors vermeintlicher Anteilnahme so überzeugt, dass sie Stein und Bein schworen, er hätte das Märchen auch wirklich verstanden.

Auch andere Roboter arbeiten mit ähnlichen Tricks: Das neueste Asimo-Modell hat ein zusätzliches Gelenk im Nacken bekommen. Jetzt kann Asimo den Kopf schieflegen – und schon wirkt er je nach Kontext nachdenklich, fragend oder auch Anteil nehmend. Selbst PaPeRo, der ohne Gliedmaßen und nur mit Leuchtpunkten im Gesicht ausgestattet ist, kann durch Bewegen des angedeuteten Kopfes, durch sein blinkendes Mienenspiel und durch Herumfahren Freude und Neugier ausdrücken. Spannend wird sein, wie es dem Roboterjungen Zeno ergehen wird. Er erfüllt mit seiner Stupsnase und den großen Augen zwar perfekt das Kindchenschema, ist aber durch seine bewegliche Haut bereits ziemlich menschenähnlich. Ob ihm bereits das Uncanny Valley zu schaffen macht, wird sich zeigen.

DAS KOMPLEXE GEFÜHLSLEBEN VON MAX UND EMMA

An der Universität Bielefeld ist Flobi nicht der Einzige, dessen Ausdrucksweise Gegenstand der Forschung ist. So wurde auch Avatar Max von Anfang an darauf trainiert, Mimik für seine Kommunikation zu verwenden. Seine virtuellen Gefühle dirigieren 21 virtuelle Muskeln, die zwölf verschiedene Gesichtsausdrücke erzeugen.

Noch ausgefeilter sind das Gefühlsleben und das Mienenspiel von Emma. Ihr Gesichtsausdruck wird von 44 sogenannten Action Units eingestellt. Welcher Gesichtsausdruck dabei welches Gefühl signalisiert, haben 400 menschliche Versuchspersonen ermittelt, denen ein Zufallsgenerator verschiedene Einstellungen von Emmas Action Units zeigte. Mit diesen Informationen konnten die Forscher dann Emmas Gefühlsleben »einstellen«. Das Besondere daran ist, dass Emma nicht starr eine festgelegte Anzahl von Gefühlen in die entsprechenden Gesichtsausdrücke übersetzt, sondern dass sie ein flexibles Gefühlsleben besitzt. Die Forscher haben das erreicht, indem sie Emmas konkreten Gefühlen noch eine Art Gefühlsraum vorgeschaltet haben, der von den Größen Vergnügen, Erregung und Dominanz bestimmt wird. Auf Englisch heißen diese Größen »pleasure«, »arousal« und »dominance«, weshalb Emmas Gefühlsraum auch als »pad-Raum« bezeichnet wird. Ein Beispiel, wie der pad-Raum funktioniert: Niedriges Vergnügen, hohe Erregung und hohe Dominanz ergeben zusammen das Gefühl »Ärger«, während niedriges Vergnügen und hohe Erregung bei gleichzeitig niedriger Dominanz »Angst« bedeuten.

Das ist zwar etwas kompliziert, aber es lohnt sich: Denn wie im Farblaserdrucker jeder beliebige Farbton nur aus den drei Farben Gelb, Magenta und Cyan gezaubert wird, kann auch im pad-Raum jede Gefühlsnuance aus den drei Grundgefühlen Vergnügen, Erregung und Dominanz erzeugt werden. So wird dank des pad-Raums Emmas Gefühlsleben reicher, weil sie nicht nur einige Einzelgefühle, sondern die ganze Bandbreite des menschlichen Gefühlslebens zeigen kann.

Das Zusammenspiel von Action Units, Gefühlen und Koordinaten im pad-Raum soll es Emma auch ermöglichen, beim Kontakt mit anderen deren Mimik richtig zu deuten: Wenn sie ein fremdes Gesicht sieht, überträgt sie dessen Mienenspiel virtuell auf ihre Action Units, ermittelt den entsprechenden Punkt im pad-Raum und liest daraus ab, welches Gefühl der Gegenüber hat.

WAS ES BEDEUTET, SICH AUFEINANDER AUSZURICHTEN

Vor einigen Jahren wurde an der Universität Bielefeld ein sogenannter Sonderforschungsbereich eingerichtet, in dem es unter anderem um Mimik und Gestik geht. Der Titel des Sonderforschungsbereichs, in dem Dutzende Informatiker, Sprachwissenschaftler und Biologen zusammenarbeiten, lautet: »Alignment in Communication«, was wörtlich übersetzt »Ausrichtung in Kommunikation« heißt. Gemeint ist damit, wie sich zwei Kommunikationspartner unter anderem mithilfe von Gestik und Mimik aufeinander ausrichten und eine Verbindung schaffen, die die Verständigung erleichtert. Wie unwohl sich Menschen fühlen, wenn sie diese Verbindung nicht herstellen können, erleben Theaterschauspieler, wenn sie während der Aufführung das Publikum nicht sehen können.

Im Sonderforschungsbereich, an dem auch Gerhard Sagerer, Helge Ritter und Ipke Wachsmuth mit ihren Robotern teilnehmen, werden insgesamt dreizehn Projekte bearbeitet. Hier sind drei Beispiele:

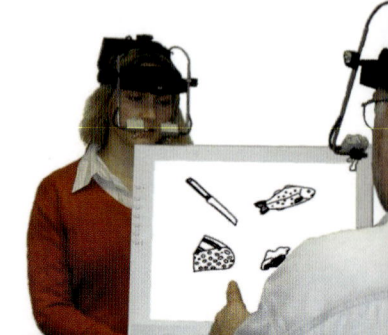

Wohin schauen wir während der Kommunikation? Die Blickregistrierung zeigt es.

Eines der Projekte, in das auch Max und Emma eingebunden sind, heißt »Modelling Partners«. Es beschäftigt sich damit, welche Vorstellung man sich von seinem Gesprächspartner macht. Sobald wir nämlich mit jemandem kommunizieren, nehmen wir unbewusst viel mehr von ihm wahr als nur die Worte – und interpretieren das Wahrgenommene auch, indem wir es mit unseren allgemeinen Erfahrungen und konkreten Erinnerungen abgleichen: Wer zum Beispiel mit jemandem in Streit gerät, der einen roten Pullover anhat, der wird am nächsten Tag bei jemand anderem, der ebenfalls einen roten Pullover trägt, vielleicht besonders auf der Hut sein. Im Projekt soll konkret untersucht werden, wie wir uns mit unbewusst wahrgenommenen Details wie Kleidung, Gang, Körperhaltung, Gestik und Mimik unser Bild vom Gegenüber machen.

In einem weiteren Projekt geht es um die Frage, wie wir Körpersignale unseres Gesprächspartners in direktem Kontakt und in indirektem Kontakt, etwa über das Telefon oder eine Videokonferenz, wahrnehmen. In den Versuchen bekommen Testpersonen Aufgaben gestellt, während ihre Augenbewegungen über spezielle Kameras aufgezeichnet werden.

In einem dritten Projekt wird der sogenannte »Interaction Space« untersucht. Das ist der gemeinsame Raum zwischen zwei Menschen beziehungsweise Robotern, in dem sich die Gesten während der Kommunikation abspielen. Wie sehr Asimo an Natürlichkeit gewinnt, indem er diesen Raum nutzt, sieht man an den Versuchen, in denen ihm etwas hingehalten wird, das er erkennen soll. Er steht nicht einfach unbeweglich da und scannt den Gegenstand ab, sondern er nähert sich ihm, streckt die Hand danach aus, ohne ihn aber zu berühren, und beäugt den Gegenstand aus verschiedenen Blickwinkeln. In dem Projekt soll mit Max und Junior – und später Flobi, sobald er einen Torso mit Armen bekommen hat – modelliert werden, welche besonderen Regeln in diesem Raum gelten und wie man sie für die Kommunikation zwischen Mensch und Roboter nutzen kann.

Gestikwunder
für alle: iCub

EIN ROBOTERJUNGE ALS SPEZIALIST FÜR GESTEN

Speziell um Gestik geht es demnächst in einem weiteren Projekt von Gerhard Sagerer, das mit der Ankunft eines neuen Roboters namens iCub startet. iCub ist ein kompletter Roboter von der Größe und den Proportionen eines dreijährigen Kindes. Sein Gesicht ist relativ einfach, dafür kann er mit insgesamt 53 Freiheitsgraden gehen, krabbeln, sitzen und gestikulieren. Außerdem kann er sehen, hören, tasten, und er besitzt einen Gleichgewichtssinn. Sagerer und sein Team wollen mit iCubs Hilfe dazu beitragen, dass Mensch und Roboter die Körpersprache des anderen besser verstehen.

Auch iCubs Entstehung ist bemerkenswert: Er ist das Ergebnis eines internationalen Forschungsprojekts, das von der Europäischen Union finanziert wurde. iCub soll als eine Art kleiner Alleskönner für verschiedenste Forschungsvorhaben dienen. Gerhard Sagerer sieht in iCub eine riesige Chance für die Roboterentwicklung. Denn iCub ist als offenes Projekt angelegt: Jedes Forschungsinstitut kann sich einen iCub kaufen – sofern es die für so ein Hightechgerät angemessene Summe von 200 000 Euro aufbringt –, und es kann die bis dahin entwickelte Software verwenden, wenn es die selbst entwickelte Software später auch anderen zugänglich macht. Während bislang Forscher ihre meiste Energie in die Entwicklung der Hardware stecken mussten, fängt die Arbeit mit iCub an einem Punkt an, den Labors mit wenig Erfahrung und geringen Mitteln niemals erreichen würden. So können Dutzende Forscherteams weltweit mit einem weit entwickelten Roboter arbeiten und, wie Sagerer vermutet, gemeinsam viel größere Fortschritte erzielen.

Ein ganz normaler Wohnblock am Stadtrand von Bielefeld beherbergt den wohl ungewöhnlichsten Einwohner der Stadt: den Roboter Biron. Der Name steht auch auf dem Klingelschild, aber noch muss Torsten Spexard, ein Mitarbeiter von Gerhard Sagerer und einer von Birons Betreuern, die Haustür selbst aufschließen, um in die Wohnung zu kommen. Eines Tages könnte auch das ein Roboter erledigen, denn Fernziel der Forscher ist ein Haushaltsroboter, der den menschlichen Mitbewohner in seinem Alltag weitgehend unterstützen kann. Als ein entscheidender Schritt auf dem Weg dorthin möchte Sagerer mit seinem Team herausfinden, wie sich ein Roboter in einer Wohnung orientieren kann.

Biron ist ein etwa brusthoher roter Kasten mit kleinen Rädern, einem Monitor, zwei kleinen Mikrofonen, einem Lasergerät, zwei Laptops an seiner Rückseite und einem schwenkbaren Kameraauge obenauf – nicht gerade das, was man sich unter einer Haushaltshilfe vorstellt, aber für seine Aufgaben reichen die Ausstattung und das spartanische Design vollkommen aus. Schließlich soll er zunächst nur lernen, sich zu orientieren und mit seinen Mitbewohnern auf einfachem Niveau zu kommunizieren. Sein silbergrauer Nachfolger, der zurzeit installiert wird, hat zusätzlich einen Greifarm, mit dem er Gegenstände holen kann.

183

Biron
allein zu Hause

In diesem Haus wohnt Biron – und bald auch sein Nachfolger (rechts).

Damit Biron unter möglichst realistischen Bedingungen übt, wurde für ihn eine ganz normale Dreizimmerwohnung mit Küche, Bad und Flur angemietet und komplett mit Möbeln ausgestattet. Die Einrichtung stammt ausnahmslos aus einem Möbelhaus, das mittlerweile rund um den Globus vertreten ist – so können Wissenschaftler weltweit ähnliche Versuche unter denselben Bedingungen machen. Unter Anleitung der Forscher erobert sich Biron die Wohnung Schritt für Schritt: zunächst das Wohnzimmer, dann den Flur und die enge Küche und schließlich auch die beiden anderen, dunkleren Zimmer. »Erobern« heißt: Wenn ein Mensch Biron die Wohnung gezeigt hat, soll er so weit orientiert sein, dass er weiß, in welchem Zimmer er sich gerade befindet und wie er in ein anderes kommt.

DIE TECHNIK HAT UNS ÜBERFLÜGELT

Man sollte meinen, sich in einer Wohnung zurechtzufinden wäre für einen Roboter ein Kinderspiel – schließlich hat uns die Technik in puncto Orientierung mittlerweile weit abgehängt: Längst verlassen wir uns beim Orientieren und Navigieren nicht mehr nur auf unsere Augen und Ohren, sondern statten Autos, Flugzeuge und Schiffe mit Laser, Radar, Sonar und GPS aus. Mit GPS, dem satellitengestützten Global Positioning System, könnte sogar jedes Roboterspielzeug seine Position zentimetergenau bestimmen. Mithilfe einer Karte ist ein Fahrzeug deshalb auch in der Lage, selbstständig sein Ziel zu finden, wie die Roboterautos beim Wettrennen der DARPA bereits bewiesen haben.

> Das Beispiel Wettrennen mit Roboterfahrzeugen zeigt aber auch, dass es nicht so trivial ist, sich unter Alltagsbedingungen zu orientieren: Die reine Positionsbestimmung reicht dafür nämlich selten aus – ein Roboter muss sich meist auch in der unmittelbaren Umgebung zurechtfinden, um zum Beispiel Hindernissen und Gefahren ausweichen zu können. So sollte ein Staubsaugerroboter nicht über Treppen stürzen, ein Legoroboter nicht seine Tanzpartnerin umfahren und ein Wachroboter nicht gegen Glastüren krachen oder statt Menschen Feuerlöscher auffordern, sich auszuweisen.

Doch auch solche Aufgaben sind, wie die Beispiele zeigen, technisch lösbar, weil das Arsenal an ausgereiften Sensoren mittlerweile gewaltig ist. Da solche Bauteile immer kleiner werden, ist selbst der geringe Platz im Robotergehäuse kein ernsthaftes Problem mehr. Und wenn es doch einmal für ein Problem noch keine Lösung gibt, sind Forscher recht erfinderisch: So haben beispielsweise Wissenschaftler der Universität Würzburg einen Roboter entwickelt, der den Schwänzeltanz von Bienen entschlüsseln kann. Da Bienen mit dem Schwänzeltanz ihren Stockgenossinnen mitteilen, in welcher Richtung und wie weit entfernt eine Futterquelle, zum Beispiel ein blühender Baum, zu finden ist, erkennt auch der Roboter, wo die Pflanzen wachsen, auf denen die Bienen ihren Nektar sammeln. Analysiert der Roboter hinterher den Schadstoffgehalt des Nektars, kann er – sozusagen als verlängerter sensorischer Arm – ein großes Gebiet auf Schadstoffe hin überwachen.

DER ALBTRAUM ZUHAUSE

Die eigentliche Herausforderung für die Forscher besteht darin, Roboter dazu zu bringen, die Informationen, die ihre Sensoren produzieren, auch richtig zu deuten. Für uns ist das – von Extrembedingungen wie in der Achterbahn oder einem Spiegellabyrinth auf dem Jahrmarkt – kein Problem: Wir können die Geräusche und Bilder, die permanent auf uns einstürzen, so gut verarbeiten, dass sie zusammen ein stimmiges Bild unserer Umwelt ergeben. Denn wir kennen unsere Welt, wir wissen aus jahrelanger Erfahrung, wie etwas aussieht, wie es sich anfühlt, wie gefährlich es ist – und wie leicht es kaputtgehen kann.

Und noch etwas viel Erstaunlicheres leistet unser Gehirn mit schlafwandlerischer Leichtigkeit: Wir können Kategorien bilden, oder vereinfacht gesagt: Kennen wir einen Tisch, kennen wir alle Tische. Woran wir sie erkennen, ist uns gar nicht bewusst, wir wissen es einfach. Selbst wenn jemand auf einem Tisch sitzt, so bleibt es doch ein Tisch und wird kein Stuhl. Wir erkennen vielmehr, dass der Tisch nur als Stuhl benutzt wird. Ein Asimo denkt hier simpler: Für ihn ist die Höhe der ebenen Fläche, also der Tischplatte, über dem Fußboden ausschlaggebend – ein einfaches Kriterium, das in den meisten Alltagssituationen auch gut funktioniert. Ins Schleudern kommt Asimo allerdings bei hohen Stühlen und niedrigen Tischen.

Aber ohne detailliertes Vorwissen ist für einen Roboter selbst unsere kleine Welt zu Hause der reinste Albtraum: Wann ist ein Gegenstand mit parallelen Linien eine Gabel und wann ein Kamm? Warum sehen Blumen anders aus, wenn sie verwelkt sind? Was macht ein Wohnzimmer aus und was ein Esszimmer? Wenn etwas nicht mehr da liegt, wo es gerade noch gelegen hat, wo könnte es dann liegen? Und wenn zwei Menschen nebeneinander stehen und einer redet, redet er dann mit dem anderen Menschen oder mit dem Roboter?

Biron wurde dafür konstruiert, sich genau solchen Aufgaben zu stellen. Dafür stehen ihm die beiden Laptops zur Verfügung, die an seiner Rückseite angebracht sind. Ein Dritter steht in einem der Zimmer und dient den Forschern als Überwachungsgerät, damit sie während eines Versuchs aus der Ferne verfolgen können, was in Biron vorgeht. Zurzeit laufen auf Biron 26 Programme, die allesamt der Orientierung und der Kommunikation mit Menschen dienen. Mit dem Programm »sploc« (speaker localization) beispielsweise kann Biron erkennen, wo ein sprechender Mensch steht.

Dafür vergleicht das Programm die beiden Mikrofoneingänge miteinander: Kommen die Schallwellen am rechten Mikrofon später an, steht der Mensch links, weil der Weg zum rechten Mikrofon dann länger ist und der Schall Bruchteile einer Sekunde länger braucht. Treffen die Schallwellen gleichzeitig auf die Mikrofone, steht der Mensch direkt vor oder hinter Biron. Der eigentliche Sprachinhalt wird über das Mikrofon am Headset des Sprechers an Biron übermittelt und von Spracherkennungsprogrammen analysiert. Dass der Roboter weiß, wer etwas gesagt hat, ist zum Beispiel dann wichtig, wenn er zwei Menschen gegenübersteht, von denen einer sagt: »Folge mir.«

DER REDUZIERTE MENSCH

Ein Mensch ist für Biron ein sprechendes Gesicht auf zwei beweglichen Säulen – alles andere lässt er außer Acht. Es ist erstaunlich, aber die drei Parameter Stimme, Beine und Gesicht genügen, wie Torsten Spexard aus vielen Versuchen weiß, um einen Menschen zuverlässig von allem anderen zu unterscheiden, was in einer Wohnung üblicherweise vorkommt. Die Beine erfasst Biron mit seinem Lasergerät, das korrekt Laser Range Finder heißt. Auf 30 Zentimeter Höhe scannt der Laser den 180-Grad-Bereich vor sich ab und misst aus den Rücklaufzeiten des Lichts auf den Zentimeter genau, wie weit etwas entfernt ist. Beine sind für ihn also zwei etwa 10 bis 20 Zentimeter breite Schatten. Stehen zwei Menschen nebeneinander, kann es sein, dass Biron meint, die beiden in der Mitte zusammenstehenden Beine gehörten zu einem Menschen. Da Biron seine Umgebung aber ständig mit dem Laser abtastet, irrt er sich nur so lange, wie die beiden nebeneinanderstehen. Außerdem hat er noch die Kamera, die optische Informationen über den Bereich oberhalb eines Meters einfängt. Eines von Birons Programmen filtert aus diesen Bildern Gesichter heraus.

Laserscan und Kamerabilder genügen auch, damit sich Biron ein Bild von dem Raum machen kann, in dem er sich befindet. Anfangs experimentierten die Forscher noch mit einer Kamera mit Rundumspiegel, durch den sie ein Bild des gesamten Zimmers einfangen konnten, aber dann stellte sich das Kalibrieren des Spiegels, also das Einstellen auf die exakte Position, als zu aufwändig heraus. Auch ein Ultraschallsensor bewährte sich nicht: Das fortwährende Knacken seiner Schalter nervte auf die Dauer, und es zeigte sich, dass die Informationen von ihm eigentlich entbehrlich waren.

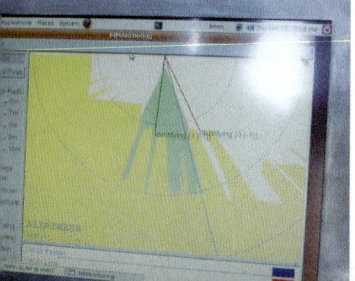

So sieht Biron seine Umgebung. Die für den Laserstrahl nicht erreichbaren Schattenregionen sind gelb dargestellt. Der rote und grüne Strich markieren zwei Menschen, die Biron als zwei nahe zusammenstehende »Säulen« erkennt. Der grün markierte Mensch spricht gerade. Auf ihn ist auch das Kameraauge gerichtet, dessen Blickfeld grün schraffiert ist.

WOHNUNGSBESICHTIGUNG MIT TÜCKEN

Der Versuch, Biron die Wohnung zu zeigen, läuft normalerweise so ab: Man sagt zu ihm: »Biron, das ist das Wohnzimmer.« Dann antwortet er: »Ich verstehe, das ist das Wohnzimmer. Ich sehe mich mal um.« Worauf er sich einmal um sich selbst dreht, um den Raum mit der Kamera und seinem Laser Range Finder zu erfassen und einen Grundriss davon abzuspeichern. Ist er fertig, sagt er: »Okay, was soll ich jetzt tun?« Fordert man ihn dann auf, einem zu folgen, bestätigt er den Befehl mit: »Okay, ich folge dir, bis du stopp sagst.« Sobald er aus dem Zimmer fährt, fragt er: »Hast du jetzt das Wohnzimmer verlassen? Wo befinden wir uns jetzt?«

> Dieses Experiment »Wohnung zeigen« haben die Forscher schon Dutzende Male auch mit unvorbereiteten Testpersonen aller Altersstufen durchgespielt, weil sie sich natürlich benehmen – und nicht, wie andere Informatiker, ständig versuchen, das Gerät auszutricksen. Mit diesen Versuchen können Torsten Spexard und seine Kollegen direkt studieren, wo das System hakt, und es entsprechend anpassen – und man glaubt gar nicht, wo das System überall haken kann.

Manche Probleme sind dabei einigermaßen banal: Weil die Wohnung mit Teppichboden ausgelegt ist, mühen sich die drei kleinen Räder manchmal vergeblich, den schweren Roboter zu bewegen. Außerdem bringen die Luftreifen das Problem mit sich, dass Biron bei leicht geändertem Reifendruck – und damit auch geändertem Reifenumfang – nicht mehr an der Radumdrehung ablesen kann, wie weit er sich bewegt hat. Dies führt dazu, dass er eine Umdrehung nicht ganz zu Ende macht und sich dann wundert, dass der Mensch nicht wie berechnet in sein Blickfeld kommt. Das silbergraue Nachfolgemodell wird deshalb vier größere Reifen aus Vollgummi haben sowie einen stärkeren Elektromotor.

189

Torsten Spexard
bereitet das Headset
vor. Gleich startet
er mit dem Versuch
»Wohnung zeigen«.

Weil die Wissenschaftler eine natürliche Kommunikation nachahmen wollten, programmierten sie Biron darauf, den Befehl »Folge mir« zu verstehen, und nicht darauf, Streckenangaben wie »Fahre einen Meter geradeaus« zu benötigen. Das jedoch erwies sich in der engen Küche als zu einfach gedacht: War Biron dorthin gefolgt, blockierte er den Ausgang. In dieser Situation sagten die Testpersonen etwas wie »Geh mal einen Schritt zurück«, sie benutzten also doch eine Streckenangabe. Aber mit diesem Befehl konnte Biron nichts anfangen – bis eine angepasste Software Abhilfe schaffte.

WENIG GEGENLICHT, VIEL RÜCKMELDUNG

Andere Probleme sind dagegen alles andere als trivial: Anfällig ist das System zum Beispiel bei Gegenlicht, und das spielt immer eine Rolle, wenn der Mensch am Fenster und der Roboter im Raum steht. Biron kann dann nicht erkennen, wer mit ihm spricht, doch diese Information braucht er: Um ein Gespräch zweier Menschen nicht zu stören, ist Biron darauf programmiert, nur zu reagieren, wenn er direkt angesprochen wird, was für ihn heißt, dass er von dem sprechenden Menschen auch angesehen wird. Das soll eigentlich die Bildverarbeitungssoftware erkennen, die sich jedoch bei

Gegenlicht schwertut. In der Praxis erkennt Biron beispielsweise dann mithilfe des Laser Range Finder korrekt zwei Säulenpaare als zwei Menschen, und er hört, wie einer der beiden sagt: »Hallo, Biron« – und doch reagiert er nicht, weil er die Augen, die ihn anblicken, nicht sehen kann und »Hallo, Biron« nicht auf sich bezieht.

Um dieses Problem zu lösen, könnte man zum Beispiel die Programme so erweitern, dass Biron – ähnlich wie ein Fotograf an seiner Kamera – bei Gegenlicht auf andere Merkmale ausweicht, die ihn in dieser Situation zuverlässiger erkennen lassen, ob jemand mit ihm spricht. Eine Möglichkeit wäre auch, dass er auf seinen Namen reagiert, doch dann könnte man sich in seiner Gegenwart nicht mehr über ihn unterhalten, ohne dass er ständig nachfragt, was man von ihm will.

Schnell wurde in diesen Versuchen auch deutlich, wie wichtig ständige Rückmeldungen des Roboters sind. Die Versuchspersonen waren schon irritiert, wenn sie nur eine Sekunde kein Signal bekamen, dass Biron dem Gespräch noch folgt. Sie werden unsicher, wiederholen sich, und schon läuft die Kommunikation nicht mehr rund. Weil sie gewohnt sind, im Gespräch angesehen zu werden, drehen sich manche Versuchspersonen sogar mit Biron mit, wenn er das Zimmer abscannt. Deshalb ist es zum Beispiel notwendig, dass er deutlich ankündigt, wenn er sich umdreht. Ganz wichtig ist auch, dass Biron sich entschuldigt, wenn etwas nicht klappt. Denn die Versuchspersonen, sagt Gerhard Sagerer, suchen normalerweise die Schuld bei sich und werden, weil sie die Aufgaben eigentlich gut erledigen wollen, dann schnell unruhig.

Wie sich Biron am besten mitteilen kann, haben die Forscher bereits auf mehreren Wegen ausprobiert. Zusätzlich zur Sprache zeigt er auf seinem großen Display seinen inneren Zustand an, was in etwa unserem Mienenspiel entspricht: Auf dem Display ist Biron als Zeichnung mit einer Denkblase dargestellt. Erscheint zum Beispiel in der Denkblase eine

Wie es Biron geht, zeigt das Display
(von links): Er arbeitet, weiß nicht weiter,
hat eine Störung.

Zahlenkolonne, dann arbeitet er. Hebt er fragend die Arme, weiß er nicht weiter, und erscheint ein Fieberthermometer im Mund der Karikatur, hat Biron eine Störung.

VIEL RAUM FÜR RAUMFORSCHUNG IN BREMEN UND FREIBURG

Während sich Biron am Stadtrand von Bielefeld Schritt für Schritt Fähigkeiten aneignet, die von einem Haushaltsroboter erwartet werden, forschen Wissenschaftler natürlich auch andernorts mit Hochdruck am Thema Orientierung. So arbeiten seit 2003 Forscher der Universitäten Bremen und Freiburg in dem gemeinsamen Sonderforschungsbereich »Raumkognition: Schließen, Handeln, Interagieren« daran, wie Menschen und Roboter sich in Räumen orientieren und sich darüber austauschen. In Bremen wurde kürzlich sogar ein großes vierstöckiges Forschungsgebäude mit dem schönen Namen Cartesium eröffnet, in dem ausschließlich zu diesem Thema geforscht wird.

Unter anderem gehen die Forscher der Frage nach, wie sich ein Roboter in seiner Umgebung eigentlich orientieren soll. Einer ihrer Versuchsroboter ist der Offroad-Spezialist Herbert, der mit seinem Laserscanner die Umgebung abtastet. Aus diesen Bildinformationen und den Informationen, wie weit er gefahren ist, lässt sich dann ein dreidimensionales Modell der Umgebung erstellen.

Offroader Herbert
aus Bremen

Prinzipiell gibt es für das Orientieren zwei verschiedene Möglichkeiten: mit einer »allozentrischen« und einer »egozentrischen« Karte. Bei der allozentrischen Karte entwirft der Roboter anhand von Koordinaten eine Art Landkarte. Das hat den Vorteil, dass jeder Punkt in dieser Karte unabhängig von der Position des Roboters markiert ist. Wir kennen dieses Prinzip von jedem Stadtplan: Wir schlagen einen Straßennamen im Index nach und erfahren, dass die Straße beispielsweise im Bereich mit den Koordinaten N 9 liegt. Jetzt können wir die Straße auf der Karte finden und unseren Weg dorthin ermitteln. Der Nachteil ist, dass sich unser Alltag normalerweise in viel kleineren Räumen abspielt, in denen die Orientierung nicht so funktioniert. So kann ein Roboter nicht erwarten, dass wir ihm erst die Koordinaten für den Kühlschrank nennen, bevor er etwas holt.

Eine egozentrische Karte dagegen erfasst den Raum aus der Perspektive des Roboters: Ein Gegenstand befindet sich für ihn zum Beispiel dann zwei Meter schräg rechts vorne. Das hat den Vorteil, dass man keine Koordinaten braucht und dass der Roboter nur mit seinen Augen Richtung und Entfernung von Gegenständen erfasst. Den Nachteil dieses Verfahrens kennt jeder aus eigener Erfahrung: Wenn wir einem anderen gegenüberstehen und »rechts« sagen, weiß der andere nicht, ob wir rechts von uns aus oder von ihm aus meinen. Ebenfalls Verwirrung können Ortsangaben stiften, die sich auf andere Gegenstände beziehen: »Stelle den Eimer vor der Terrassentür ab« lässt offen, ob »drinnen vor der Tür« oder »draußen vor der Tür« gemeint ist.

Meist beantwortet diese Frage der Zusammenhang, in dem sie gestellt wurde: Einen Eimer mit schon etwas streng riechendem Biomüll wird man natürlich »draußen« vor der Terrassentür abstellen sollen. Dieses »Mitdenken« ist erforderlich, wenn wir die Flexibilität und Natürlichkeit egozentrischer Karten nutzen. Weil wir die üblichen Situationen unseres Alltags gut kennen und deshalb verstehen, stellt uns das meist vor keine großen Probleme. Roboter dagegen schon, denn »Mitdenken« ist nicht gerade ihre Stärke. Dafür sind sie wie geschaffen für allozentrische Ortsangaben mit ihren eindeutigen Koordinaten. Roboter verlassen sich lieber auf verzwickte, aber dafür mathematisch »stur« zu errechnende Koordinatenangaben, als sich auf das Glatteis von Ortsangaben zu begeben, für die sie Zusammenhänge erkennen und berücksichtigen müssen.

EGO- ODER ALLOZENTRISCH?

Und es kommt noch schlimmer für die Roboter: Manchmal verwenden wir die beiden Systeme nämlich wild durcheinander. Meister darin sind etwa Radioreporter, die ein Fußballspiel kommentieren: Sie verwenden sowohl allozentrische Ortsangaben, weil das Fußballfeld als feste Bezugsgröße ein gutes Koordinatensystem vorgibt, als auch egozentrische Ortsangaben, wenn sie Aktionen aus Sicht der Spieler beschreiben: »… und dann passt er den Ball knapp hinter der Mittellinie (allozentrisch) aus halblinker Position (allozentrisch) gut 20 Meter steil (egozentrisch) auf seinen Stürmerkollegen, der aus spitzem Winkel (allozentrisch) stramm abzieht.«

Die Forscher in Deutschland und anderen Teilen der Welt haben also noch einige Nüsse zu knacken, bis sich eines Tages Roboter wie Asimo in unserer Welt zurechtfinden und mit unseren Raumangaben etwas anfangen können. Vielleicht werden sie dann auch einen Turing-Test für die Orientierung meistern: So ein Test könnte darin bestehen, dass eine Testperson nicht mehr unterscheiden kann, ob ein Mensch oder ein Roboter einer Fußballübertragung im Radio lauscht und den Weg des Balls auf einem Blatt Papier nachzeichnet.

Der 5. Dezember 2006 war ein historischer Tag für die Roboter: Das Schachprogramm Deep Fritz gewann einen Wettkampf gegen den amtierenden Schachweltmeister Wladimir Kramnik, der von den sechs Partien keine einzige für sich entscheiden konnte. »Damit dürfte der Mensch endgültig den Wettstreit gegen die Maschinen verloren haben – zumindest im Schach«, kommentierte *Spiegel online*. Es war zwar nicht das erste Match, in dem ein Mensch gegen einen Computer den Kürzeren gezogen hatte, aber die Souveränität, mit der das Elektronengehirn seinen Gegner aus Fleisch und Blut bezwang, hatte etwas Endgültiges. Deep Fritz spielte gleich kreativ wie der Weltmeister, aber er machte keine Fehler. Und während das menschliche Gehirn in Ausnahmespielern wie Kramnik bereits an seine Grenzen stößt, entwickeln sich Fritz und die anderen Computerprogramme immer weiter. Die Hoffnung, dass jemals wieder ein Mensch gewinnen wird, ist damit zunichtegemacht – die Schachkrone gehört endgültig den Maschinen.

Dabei sah es lange Jahre so aus, als wären die Programme zwar passable Sparringspartner, aber in einem ernsthaften Wettkampf letztlich doch chancenlos. Dann aber ließen erste spektakuläre Siege aufhorchen: 1988 schlug Deep Thought – benannt nach dem Großrechner aus dem Roman *Per Anhalter durch die Galaxis* – den Großmeister Bent Larsen, damals einer der Top-100-Schachspieler der Welt. Knapp zehn Jahre später besiegte Deep Blue, der Nachfolger von Deep Thought, mit Garri Kasparow erstmals einen amtierenden Schachweltmeister. Kasparow sagte nach dem Spiel: »Obwohl ich alles gab, spielte die Maschine ungerührt ein leichtes, wunderbares, fehlerfreies Schach. Zum ersten Mal spürte, ja roch ich buchstäblich eine Art von Intelligenz auf der anderen Seite.« Diese Leichtigkeit im Spiel war jedoch das Ergebnis brutaler Rechenleistung: Deep Blue war ein 1,4-Tonnen-Monster mit 256 parallel geschalteten Prozessoren und 200 Millionen Rechenschritten pro Sekunde, das seinem Gegner scheinbar mühelos die Luft abdrückte.

In den folgenden Jahren leisteten noch einzelne Helden Widerstand: Nachdem Wladimir Kramnik im Jahr 2000 Weltmeister geworden war, verteidigte er immer wieder die Ehre der Menschheit, indem er seinen Computergegnern wenigstens Unentschieden abtrotzte. So konnte er die Entscheidung um die Vorherrschaft am Schachbrett noch einige Zeit offenhalten, bis er sich 2006 schließlich doch geschlagen geben musste. Anders als Deep Blue noch zehn Jahre zuvor benötigte Deep Fritz für seinen Sieg nicht mehr 200, sondern »nur« noch acht Millionen Rechenschritte pro Sekunde und statt 256 Prozessoren nur noch vier. Auch war der Computer, auf dem Deep Fritz lief, kein Ungetüm mehr, sondern ein zierliches Tischgerät.

Schach
dem Menschen!

Dass Deep Fritz trotz seiner geringeren Rechenleistung Kramnik besiegen konnte, lag an seiner weiterentwickelten Schachintelligenz: Seine Programmierer, allesamt ausgewiesene Schachmeister, hatten Fritz mit noch mehr Informationen über das königliche Spiel mit seinen schier unendlichen Varianten an Eröffnungen, Angriffen und Verteidigungen gefüttert. Doch nun scheint selbst Deep Fritz seinen Meister gefunden zu haben: Bei einem reinen Computerschachturnier verlor er im Jahr 2007 gegen den jungen Wilden Deep Junior.

ROBOTER, DIE NEUE KRONE DER SCHÖPFUNG?

Nur 20 Jahre brauchten Schachprogramme, um uns zu überflügeln. Während in anderen Sportarten, wie beispielsweise im Fußball, erst in vielen Jahren oder Jahrzehnten ein Machtwechsel vorstellbar ist, hat uns ein künstliches Wesen ausgerechnet in dem Feld geschlagen, in dem wir uns als die Krone der Schöpfung fühlten: Denn mögen uns auch manche Tiere an Schnelligkeit, Gewandtheit, Kraft und Ausdauer weit überlegen sein, an Intelligenz übertrifft uns keines. Und nun müssen wir diese Krone an eine Maschine abgeben?

Nicht unbedingt: Wir werden schließlich von Geschöpfen übertrumpft, die wir selbst geschaffen haben, die es ohne unseren Genius gar nicht gäbe. Können solche Wesen überhaupt intelligenter sein als wir? Wir können zwar einen Roboterarm bauen, der viel stärker ist als wir, aber ist auch ein Roboter denkbar, der sich im Gegensatz zu uns eine vierte Dimension vorstellen kann? Oder der ein Zahlenrätsel löst, an dem Mathematiker bislang gescheitert sind? Oder der uns die philosophische Frage beantwortet, wozu wir eigentlich auf der Welt sind?

Es kommt letztlich darauf an, wie man Intelligenz definiert. Während Kasparow die Intelligenz von Deep Blue sogar zu riechen glaubte, bleibt der Physiker Stephen Hawking unbeeindruckt: Er hält Schachprogramme für weniger intelligent als einen Regenwurm. Die Informatiker Alois Knoll und Thomas Christaller greifen in ihrem Buch *Robotik* unter den vielen möglichen Definitionen folgende heraus: »Intelligenz ist die Fähigkeit, sich an eine Umwelt anpassen zu können, um möglichst lange zu überleben.« Sie stützen ihre Definition zum Beispiel auf die Beobachtung, dass Serviceroboter, die sich nicht an neue Situationen anpassen können, von Menschen als dumm empfunden werden.

Eine Definition von Intelligenz, die die Anpassungsfähigkeit in den Mittelpunkt stellt, würde auch erklären, warum Roboter – die nicht gerade für ihre Flexibilität berühmt sind – uns ausgerechnet im Schachspiel bezwingen: Beim Schachspiel werden alle Faktoren, die einem Wesen Anpassungsfähigkeit abverlangen, ausgeblendet – bis auf einen einzigen Faktor, nämlich den nächsten Zug des Gegners. Was uns am Schachspiel so fasziniert, das Reduzieren unseres chaotischen Lebens auf wenige feste Regeln und ein Spielfeld mit nur 64 Feldern, ist für eine Maschine wie maßgeschneidert. Setzt man in der Intelligenz-Definition also »Umwelt« mit »Schachbrett« gleich und »möglichst lange überleben« mit »den anderen matt setzen«, muss man den Elektronengehirnen tatsächlich eine überlegene Intelligenz bescheinigen – wenn auch nur für den extrem reduzierten und künstlichen Lebensraum eines Schachfeldes.

INTELLIGENTE STRATEGIEN FÜR EIN LEBEN IM CHAOS

Außerhalb des Schachbretts sieht es ganz anders aus: Im Vergleich zu dem geordneten Leben auf den weißen und schwarzen Feldern ist sogar jeder Quadratmeter Wüste ein chaotisches System – und erst recht unser noch viel bunterer Alltag. Wir meistern diesen Alltag mit einer Reihe von Tricks, die uns die nötige Anpassungsfähigkeit und damit Intelligenz verleihen. Knoll und Christaller nennen in ihrem Buch sechs Strategien:

IMITATION Der Mensch würde heute noch in Höhlen hausen, wenn er nicht ein Meister im Nachmachen wäre. Ohne diese Gabe hätte jede Erfindung – vom Feuermachen über das Rad bis hin zum Dosenöffner – wieder von Neuem gemacht werden müssen. Weit wären wir damit nicht gekommen.

REAKTIVITÄT Wenn etwas passiert, müssen wir reagieren – ob ein Auto aus einer Nebenstraße schießt oder wir eine Einladung zu einer Geburtstagsfeier bekommen. So schützen wir uns und meistern unseren Alltag.

PROAKTIVITÄT Ein Unglück kommen zu sehen und rechtzeitig etwas zu unternehmen oder zu unterlassen, setzt Wissen und Erfahrung voraus – und manchmal auch die Einsicht, dass es langfristig besser sein kann, eine kurzfristige Entbehrung in Kauf zu nehmen. Für eine Klassenarbeit zu lernen und dafür auf Fernsehen zu verzichten, ist demnach eine proaktive, also intelligente Handlung.

LERNEN Um etwas beim nächsten Mal besser machen zu können, muss man lernfähig sein. Dafür müssen wir zunächst das Erlebte analysieren und anschließend die nötigen Konsequenzen ziehen. Menschen, die beispielsweise die Schuld immer

bei anderen suchen, haben schon mit der Analyse des Er-
lebten Probleme, weshalb es auch mit dem Lernen nicht gut
funktioniert.

INNOVATION

Eine Eigenschaft, auf die wir Menschen besonders stolz sind,
ist unser Erfindergeist, der uns Neues ausprobieren lässt und
den Fortschritt vorantreibt. Dass viele Innovationen eher zufällig gemacht wurden, spielt dabei keine Rolle, denn um
den Wert einer zufälligen Erfindung zu erkennen, braucht es
ebenfalls einen wachen Geist.

EVOLUTION

Das Weitervererben günstiger Eigenschaften von einer Generation auf die nächste ist ein für alle Lebewesen gültiges
Anpassungsprinzip. Da sich evolutionäre Prozesse jedoch
meist unbewusst abspielen, liegt dieser Aspekt eher außerhalb dessen, was wir gemeinhin unter Intelligenz verstehen.

LUST UND FRUST MIT DER KÜNSTLICHEN INTELLIGENZ

Während auch Tiere diese sechs Strategien bis zu einem
gewissen Grad beherrschen, tun sich Roboter damit ziemlich schwer. Doch wenn man sich die Entwicklung der vergangenen 40 Jahre vom ersten Industrieroboter bis zu den
heutigen Modellen in den Forschungslabors vor Augen hält,
sind auch hier schon enorme Fortschritte gemacht worden:
Wenn Asimo nur durch Beobachtung einen Stuhl von einem
Tisch zu unterscheiden lernt, wenn eine Roboterhand ohne
vorprogrammierten Bewegungsablauf selbstständig eine Banane greift und in eine Schale legt, wenn sich ein Roboter
in der Wohnung orientieren kann und wenn ein Avatar mit
Menschen ins Plaudern kommt, dann sind deutliche Ansätze
von Intelligenz erkennbar.

Möglich wurden diese Erfolge durch die Arbeiten von Forschern aus vielen verschiedenen Disziplinen, die sich mit der sogenannten künstlichen Intelligenz oder »artificial intelligence« beschäftigen. Geprägt wurde der Begriff schon vor über 50 Jahren. Zur selben Zeit kamen auch die ersten Vorschläge für sogenannte künstliche neuronale Netze auf, die auf technischem Wege das Prinzip des Gehirns nachahmen wollten. Doch im Wettstreit um den besseren Ansatz konnten die Vertreter der künstlichen Intelligenz mehr Anhänger um sich scharen, und die Forschung zu künstlichen neuronalen Netzen fiel in einen Dornröschenschlaf.

Ziel der künstlichen Intelligenz ist eine Maschine, die die selben Aufgaben wie ein Mensch erledigen kann, wenn nicht schwierigere. Erste hochfliegende Pläne und Vorhaben scheiterten jedoch kläglich: So wirkt heute die Vorhersage aus dem Jahr 1957, dass bereits 1967 ein Computer einen wichtigen mathematischen Satz beweisen wird, recht blauäugig. Auch das ebenfalls 1957 begonnene Projekt eines »General Problem Solvers«, eines generellen Problemlösers, wurde zehn Jahre später wegen Aussichtslosigkeit wieder eingestellt.

Danach haben die Forscher erst einmal kleinere Brötchen gebacken: Sie konzentrierten sich auf sogenannte Expertensysteme, die eng begrenzte Aufgaben lösen sollten, zum Beispiel die sehr spezialisierten Bewegungen von Fertigungsrobotern zu steuern und zu planen. In den 1980er Jahren, als sich die hochgesteckten Erwartungen der künstlichen Intelligenz immer noch nicht erfüllt hatten, erlebte die Idee der neuronalen Netze die Erweckung aus ihrem Dornröschenschlaf.

Diesmal waren die Bedingungen weit günstiger, da die Computer inzwischen vieltausendfach schneller rechneten. Erst jetzt konnten es Forscher wagen, das Prinzip des Gehirns mit seinen milliardenfachen Querverschaltungen zwischen den Nervenzellen nachzuahmen. Im Gegensatz zu den Programmen der künstlichen Intelligenz, bei denen eine Folge von Programmbefehlen die »Intelligenz« ausmacht, steckt diese bei den neuronalen Netzen im Verschaltungsmuster der Neuronen. Diese Art der Intelligenz hat zwei entscheidende Vorteile gegenüber der künstlichen Intelligenz: Sie arbeitet wesentlich detaillierter, und sie kommt mit fehlenden oder falschen Informationen viel besser klar – ein falsches Bit lässt ein neuronales Netz noch lange nicht abstürzen.

Dank ihrer Fehlertoleranz können neuronale Netze – anders als die künstliche Intelligenz – auch mit Daten etwas anfangen, die eher dem richtigen Leben entstammen als etwa der makellosen und idealisierten Welt eines Schachbretts. Und sie sind darüber hinaus auch noch lernfähiger. Das Netz lernt etwas, indem es Trainingsbeispiele übt und dabei die Verschaltungen zwischen Neuronen so anpasst, dass es sich in eine gewünschte Richtung weiterentwickelt.

Dank ihrer Möglichkeiten werden neuronale Netze inzwischen in verschiedenen Steuerungen von Robotern und anderen Anlagen erfolgreich eingesetzt. Und es zeigte sich, dass sich die beiden Konzepte der neuronalen Netze und der künstlichen Intelligenz in ihren Stärken und Schwächen oft gut wechselseitig ergänzen können. So ist aus dem anfänglichen Konkurrenzkampf mittlerweile ein produktives Miteinander geworden.

DARWIN LERNT

An der Universität von San Diego in Kalifornien wurde beispielsweise ein System entwickelt, das dem Gehirn der Wirbeltiere nahezukommen versucht. Dieser Brain-based Device oder BBD – zu Deutsch etwa »Gehirn basierte Einheit« – stellt in einem Computer die verschiedenen Eigenschaften eines Gehirns nach: einzelne Nervenzellen, den Aufbau mit den Quervernetzungen und die Dynamik der Abläufe. Einen Roboter, der von einem BBD gesteuert wird, gibt es auch schon: Er heißt Darwin und ist ein kleiner fahrbarer Kasten, bestückt mit etlichen Sensoren und einem Greifer. Mit seinem »Gehirn«, das in einem separaten Computer untergebracht wurde, ist er über Funk verbunden.

> Dank seines BBDs verhält sich Darwin beinahe wie ein Lebewesen: Er bewegt sich nicht nach einem festgelegten Programm vorwärts, sondern wie es der Situation angemessen ist. Dafür nimmt er über seine Sensoren Umwelteindrücke auf und übermittelt sie an das Gehirn, das anschließend Kommandos an die Räder und den Greifer gibt. Wie bei uns laufen auch bei Darwin und anderen anpassungsfähigen Robotern diese Rückkopplungsprozesse zwischen Sensoren, Gehirn und Motoren ständig ab. Mit den 20 000 simulierten Nervenzellen und 450 000 Querverbindungen kann Darwin fließende Bewegung in Echtzeit ausführen.

Dass Darwin mithilfe seines BBD tatsächlich lernen kann, bewies er in einer klassischen Lernsituation: In so einer Lernsituation befindet sich zum Beispiel ein junger Vogel, der seine Umwelt erforscht und alle möglichen Käferarten ausprobiert, darunter auch braune, leckere Käfer und rote, eklige. Wenn er ein paarmal einen ekligen Käfer wieder hochgewürgt hat, wird er bald eine Verbindung zwischen rot und eklig herstellen und deshalb einen großen Bogen um alle roten Käfer machen. Auch Darwin sollte seine Umwelt er-

Darwin kostet
einen Würfel.

forschen, bekam dabei jedoch – wie es sich für einen Roboter gehört – keine Käfer, sondern zwei verschiedene Metallwürfel vorgesetzt: Der eine hatte Streifen und war gut elektrisch leitend, also »gut schmeckend«, der andere hatte Punkte und war schlecht leitend, also »schlecht schmeckend«.

Mit seiner Kamera entdeckte Darwin die Würfel, und mit seinen Sensoren für elektrische Leitfähigkeit in den Backen seines Greifers kostete er sie. Ohne dass ihm irgendeine Verhaltensweise vorgegeben wurde, packte er zunächst beide Arten von Würfeln gleich häufig. Aber allmählich lernte er, dass alle schlecht schmeckenden Würfel gepunktet waren, und nach etwa zehn Versuchen mied er in 90 Prozent der Fälle die gepunkteten, fasste die gestreiften aber nach wie vor an. Wie der Vogel mit seinen roten, ekligen Käfern schaltete Darwin also selbstständig von Schmecken auf Schauen, um schlecht schmeckende Würfel zu vermeiden.

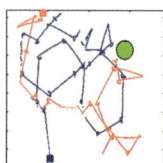
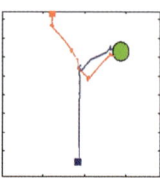

Die Aufgabe für Darwin bestand darin, von der rot oder blau markierten Startposition aus den unsichtbaren, hier grün markierten Punkt zu finden. Im ersten Versuch irrte er noch umher (links), ab dem zehnten Versuch hatte er die Wege gelernt.

Manche Tiere spekulieren bei ihren Fressfeinden sogar ganz schlau auf diese Art von Lernfähigkeiten, indem sie äußerliche Merkmale gefährlicher oder übel schmeckender Arten nachahmen, obwohl sie selber ganz harmlos und lecker sind. Auf diesen Trick, Mimikry genannt, fallen auch wir Menschen herein, wenn wir schwarz-gelb gestreifte Fliegen für Wespen halten. Es wäre spannend zu sehen, ob die gut schmeckenden Würfel, wenn man sie ebenfalls mit einem BBD ausstatten würde, irgendwann auch Mimikry betreiben und ihre Streifen durch Punkte ersetzen würden.

In einem zweiten Experiment lernte Darwin einen Weg zu finden. Dafür war eine weiterentwickelte Version im Einsatz, die in 50 verschiedenen Gehirnregionen 90 000 Nerveneinheiten und 1,4 Millionen Querverbindungen besaß. Mit dieser verbesserten Ausstattung verhielt sich Darwin wie ein cleveres Kind beim Ostereiersuchen, das direkt auf das Versteck vom Vorjahr zusteuert. Darwin bekam die Aufgabe, von verschiedenen Startpunkten aus in einer Arena eine Stelle im Boden zu finden, die er nicht sehen, sondern nur mit einem Infrarotdetektor wahrnehmen konnte, wenn er direkt darüberfuhr. Orientieren konnte er sich dabei an den verschieden gestreiften Wänden. Im ersten Anlauf suchte Darwin kreuz und quer, bis er zufällig auf die unsichtbare Markierung stieß. Nach dem achten bis zehnten Versuch hatte er sich die Stelle eingeprägt und steuerte direkt darauf zu. Wurde die Markierung wieder entfernt, suchte er in den folgenden Versuchen an dieser Stelle immer besonders intensiv.

Ursprünglich waren solche BBDs als Modelle für das menschliche Gehirn gedacht, das man damit besser verstehen wollte. Bald aber wurde offensichtlich, welches Potenzial in ihnen für die Entwicklung künstlicher Roboterintelligenz steckt. Die Väter von Darwin sind jedenfalls sicher: Kombiniert man ein BBD mit fest programmiertem »Wissen«, erhält man bereits eine Art von Gehirn, wie es nur ein Jahrzehnt zuvor noch als Science-Fiction angesehen worden wäre.

DIE INTELLIGENZ DER KLEINEN SCHRITTE

Mit zunehmender Intelligenz ergibt sich jedoch ein neues Problem, wie Jochen Steil aus Bielefeld weiß: Je intelligenter ein System ist, desto mehr Fehler macht es auch. Das klingt auf den ersten Blick widersprüchlich, schließlich würde kein Personalchef nur dumme Mitarbeiter einstellen, weil die weniger Fehler machen. Auf Roboter übertragen ist es jedoch schlüssig: Ein Industrieroboter, der auf einen einfachen Handgriff programmiert ist, hat gar nicht die Chance, viele Fehler zu begehen – entweder er macht es richtig oder falsch. Ein Haushaltsroboter dagegen, der zum Beispiel Tabletten aus dem Bad holen soll, hat unendlich viele Möglichkeiten, etwas falsch zu machen: Er kann den Befehl missverstehen, sich auf dem Weg zum Bad verlaufen, die Tür nicht aufbekommen, die Tabletten nicht finden, die falschen bringen und so weiter. Für jeden Schritt seiner Handlung muss er viele Entscheidungen treffen, für die er meist nur unzureichende Informationen besitzt. Er muss mit Unsicherheiten kalkulieren, Prioritäten setzen, abwägen, vorausschauen, Risiken eingehen – mit einem Wort: anpassungsfähig sein.

Aber es hilft nichts: Wenn uns Roboter in unserem Alltag unterstützen sollen, müssen sie lernen, mit den Fehlern klarzukommen. Denn »jeder Schritt in einer komplexeren Welt«, so Steil, »erfordert mehr Intelligenz«. Noch sieht Steil nicht, wie Roboter auch nur annähernd mit der verwirrenden Komplexität unseres Alltags zurechtkommen sollen, aber andererseits gab es in den vergangenen Jahren größere Fortschritte, als er für möglich gehalten hätte.

Auf eines aber können Roboter seiner Ansicht nach gut verzichten: auf ein Bewusstsein. Schließlich wissen wir selbst nicht, was Bewusstsein eigentlich ist. Noch hat ein Roboter mit den relativ einfachen Dingen ohnehin so große Schwierigkeiten, dass es müßig wäre, über so etwas wie Bewusstsein überhaupt nachzudenken. Und wer weiß: Vielleicht erledigt sich das Problem von alleine, wenn Roboter eines Tages so intelligent sind, dass sich ein Bewusstsein von selbst einstellt.

Aber so weit sind wir noch lange nicht. Schon beim Bewältigen ganz normaler Alltagssituationen »hakt es ganz gewaltig«, sagt Steil. So kann das Hupen eines Autos vieles bedeuten: »Vorsicht!«, »Platz da!«, »Du bist behämmert!«, »Ich freue mich so, dass Deutschland Fußballweltmeister geworden ist!«, »Mein Freund hat geheiratet!« Das kann ein Roboter lernen, aber sein Problem ist: Woran erkennt er, wann das Hupen welche Bedeutung hat? Bis ein Roboter nicht bei jedem Hupen in Schockstarre verfällt, wird noch sehr viel Forschungsarbeit nötig sein.

Auch sind ganz grundsätzliche Dinge noch nicht geklärt. Dass man ein Robotergehirn am besten in Modulen wie bei den Bielefelder Avataren Max und Emma organisiert, scheint ein guter Weg zu sein. Aber wie man die Module aufteilt und wie man sie dann verbindet, ist noch unklar. So weiß man zum Beispiel nicht, ob man Sprache und Begreifen in ein Modul packen muss oder in zwei getrennte. Kann es überhaupt ein Begreifen ohne Sprache geben oder muss man sie sogar trennen? Auch ist nicht geklärt, in welcher Reihenfolge ein »Gedanke« die Module durchlaufen soll. Gibt es dabei so etwas wie eine Hierarchie mit festgelegter Abfolge oder eher ein paralleles Nebeneinander?

BRAUCHEN ROBOTER EIN BEWUSSTSEIN?

Andere Wissenschaftler sind etwas optimistischer, was Bewusstsein angeht: Sie glauben, dass wir eines Tages Roboter mit Bewusstsein bauen werden. Dabei muss es uns nicht unbedingt stören, dass wir uns Bewusstsein so schwer vorstellen können und trotzdem eines haben. Schließlich können wir uns auch keine vierte Dimension denken, aber problemlos damit rechnen. So wissen wir, dass ein Mäusekäfig doppelt so viele Wände braucht, wie er Dimensionen hat: Bewegt sich die Maus nur auf einem Brettchen von einer Seite auf die gegenüberliegende, also in der ersten Dimension, genügen zwei Wände, damit sie nicht wegläuft. Kann sie auf einer Ebene in zwei Dimensionen laufen, also nicht nur längs, sondern auch quer, benötigt man vier Wände, kann sie auch in die dritte Dimension klettern oder graben, braucht man auch noch oben und unten eine Wand. Würde die Maus einen Zugang in die vierte Dimension finden, wüssten wir immerhin, dass wir zwei neue Wände einziehen müssten.

So könnte es sein, dass wir eines Tages in Robotern Bewusstsein entdecken, ohne zu wissen, wie es hineingekommen ist. Die Frage, ob der Roboter dann tatsächlich ein Bewusstsein hat oder es uns nur so vorkommt, hätte für den Alltag – wie Alan Turing schon vor Jahrzehnten formuliert hat – keine Konsequenzen: Wir könnten mit dem Roboter ebenso kommunizieren und uns von ihm helfen lassen, ob er nun ein Bewusstsein hat oder nicht. Allerdings ergäben sich moralische Konsequenzen: Müsste man zum Beispiel einem Roboter mit Bewusstsein bei einer Reparatur Schmerzmittel geben? Und wenn er einmal endgültig kaputtginge, wäre das nicht, als wäre auch seine Seele gestorben?

Fragt man Roboterforscher, wie die Welt in 20 Jahren aussehen wird, stimmen sie darin überein, dass Roboter in vielen Lebensbereichen eine selbstverständliche Rolle spielen
werden. So, wie uns heute – anders als noch vor 20 Jahren –
Elektronik auf Schritt und Tritt begegnet, wird unsere Welt
in 20 Jahren von den unterschiedlichsten Robotern bevölkert
sein. Damit sind jedoch nicht humanoide Allround-Haus-
haltshilfen gemeint, die für uns einkaufen gehen, kochen,
die Wohnung putzen und womöglich noch das Baby wickeln,
sondern Roboter, die auf bestimmte Aufgaben spezialisiert
sein werden. Als die wichtigsten Einsatzgebiete für Roboter
nennen die Forscher die Pflege alter Menschen, die Hilfe im
Haushalt, den Transport und den Einsatz bei Katastrophen.

Helfer im Alltag:
eine Vision für die Zukunft

Wir haben in diesem Buch an vielen Stellen beschrieben, wohin die verschiedenen Entwicklungen gehen könnten und
welche Hindernisse auf dem Weg dorthin noch zu überwinden sind. Wir sehen dem Zusammenleben mit Robotern mit
großer Neugier, Spannung und auch Freude entgegen – sonst
hätten wir dieses Buch nicht geschrieben.

Bei aller Begeisterung möchten wir jedoch an dieser Stelle auf
einen Aspekt eingehen, der vermutlich viele Menschen beim
Gedanken an Roboter beschäftigt: Roboter wecken beileibe
nicht nur Freude, sondern auch Misstrauen und Angst. Und
wir finden: zu Recht. Denn Roboter können, wie jede Technik,
auch Schaden anrichten – und vermutlich sogar mehr als andere Maschinen, die sich nicht bewegen können und nicht so
viel Grips haben. Je weiterentwickelt Roboter also sind und je
mehr sie an unserem Leben teilnehmen, desto wichtiger wird
es, dass wir uns über mögliche Gefahren rechtzeitig Gedanken machen. Nur so können wir verhindern, dass wir eines
Tages aufwachen und unser Hausroboter uns freundlich,
aber nachdrücklich auffordert, ihm die Wohnungsschlüssel
auszuhändigen und weitere Befehle abzuwarten.

Wovor die meisten Menschen vermutlich Angst haben, wenn
sie an Roboter denken, sind Szenarien wie aus einem düs-
teren Science-Fiction-Film: Roboter entwickeln einen eigenen Willen, erheben sich gegen ihre Schöpfer und ruhen nicht
eher, bis alles menschliche Leben ausgelöscht ist. Tatsächlich
sind schon Menschen wegen Robotern gestorben: So kamen
in Deutschland im Dezember 2008 zwei Arbeiter um, als sie
einen Roboter befreien wollten, der in einem Abwasserkanal
stecken geblieben war.

Doch eine »Rebellion der Roboter« ist nach heutigem Stand der Technik unmöglich, und es ist auch sehr unwahrscheinlich, dass eines Tages die eingebauten Sicherheitsmaßnahmen – von Softwareblockaden bis hin zum großen roten Notschaltknopf – komplett versagen werden. Für den Fall, dass es doch so weit kommen sollte, hat der Roboterexperte Daniel H. Wilson einen Ratgeber geschrieben: *How to Survive a Robot Uprising – Tips on Defending Yourself against the Coming Rebellion*, zu Deutsch: »Wie man einen Roboteraufstand überlebt – Tipps zur Selbstverteidigung im Falle einer bevorstehenden Rebellion«. Ursprünglich genervt von der Roboterfurcht seiner Mitmenschen, fand er schließlich Gefallen an dem Gedankenexperiment eines Roboteraufstands und setzte sich in seinem Buch mit der Frage auseinander, wie man im Ernstfall die Schwächen der Roboter für das eigene Überleben nutzen könnte.

WIE MAN EINEM HUMANOIDEN ROBOTER ENTKOMMT

Hier sind Wilsons – ernst gemeinte und doch unterhaltsame – Ratschläge, wie man beispielsweise einem humanoiden Roboter, der schneller und stärker ist, vielleicht entkommen kann: Auf Licht zulaufen, da die optischen Sensoren des Roboters von plötzlichem Hell-Dunkel-Wechsel irritiert werden. Deckung suchen, die einen schützen und verbergen kann.

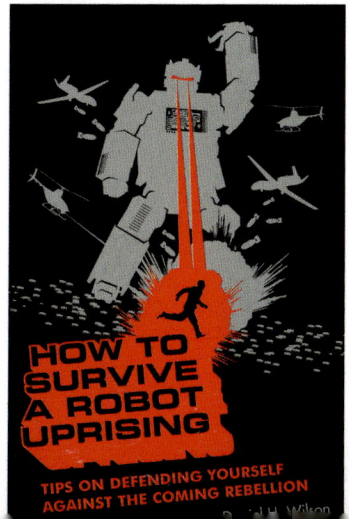

Zur Not geht auch irgendein Durcheinander, in dem sich der Roboter schwer zurechtfindet. Sich bei einem anderen Menschen unterhaken, schnell im Kreis drehen und dann in verschiedene Richtungen auseinanderlaufen, wodurch ein optisch gesteuertes Zielverfolgssystem des Roboters kurzzeitig die Orientierung verlieren könnte. In spontanen Zickzackkursen laufen und in Deckung die Richtung ändern, um die Zielverfolgung des Roboters auszutricksen. Unebenes Gelände wählen, da humanoide Roboter nicht so gut über Mauern hechten, Hügel hinaufstürmen und über oder unter parkende Autos klettern können. Wasserflächen suchen, weil die meisten Roboter in Wasser oder Schlamm versinken und in Eis einbrechen. Ein Auto finden und Vollgas geben, da der Roboter bei hohen Geschwindigkeiten auf Dauer überhitzt. Falls es eines Tages tatsächlich zu einem Aufstand der Roboter kommen sollte, müssten wir allerdings damit rechnen, dass die meuternden Roboter vorher Wilsons Buch gelesen haben und diese Tricks bereits kennen.

Insgesamt ist es jedoch wenig wahrscheinlich, dass Roboter eines Tages genug vom Dienen haben und sich gegen uns erheben werden. Weit realistischer ist die Gefahr jedoch, dass sie von anderen Menschen für solche Zwecke eingesetzt werden. Einfallstor für solche Manipulationen ist das Internet, über das Hacker schon in die angeblich sichersten Computersysteme eingedrungen sind. Auch Roboter werden zunehmend mit dem Internet verbunden sein, ob als Überwachungsroboter, als Kommunikationszentrale oder als Informationsagent. Je länger und enger Roboter mit dem Internet verbunden sind, desto größer ist die Gefahr.

Im einfachsten Fall könnte ein Dieb sich in den Roboterwachhund hacken und dadurch fremde Wohnungen ausspähen. Es ginge aber auch ein paar Nummern größer: Wenn zum Beispiel in einigen Jahren in den meisten Haushalten Roboter Dienst tun, die Anschluss an das Internet haben, könnte ein Hacker bequem von zu Hause aus einen Virus einschleusen und damit die Roboter unter seinen Befehl bringen – und so ein ganzes Land ins Chaos stürzen. Es ist daher keine übertriebene Vorsichtsmaßnahme, diejenigen Teile von Roboterbetriebssystemen, die mit dem Internet kommunizieren können, wesentlich sorgfältiger und sicherer zu programmieren als heutige Bürosoftware. Und vielleicht sollten bestimmte Entscheidungszentren im Roboter, die zum Beispiel den drei Robotergesetzen von Isaac Asimov gehorchen, überhaupt nicht nachträglich programmierbar sein, sondern nur als fest eingebrannte unveränderliche Firmware vorkommen.

ROBOTER STATT MENSCHEN?

Eine andere Gefahr ist, dass Roboter Menschen ersetzen. Schon bei den ersten Industrierobotern wurde geargwöhnt, dass sie die menschlichen Arbeiter von ihren Arbeitsplätzen verdrängen könnten. Wenn man heute Bilder von beinahe menschenleeren Fabrikhallen sieht, wird einem tatsächlich etwas mulmig zumute. Experten geben jedoch zu bedenken, dass Roboter meist die sogenannten 3D-Arbeiten übernehmen – 3D wie dull, dirty and dangerous –, also die langweiligen, schmutzigen und gefährlichen Arbeiten. Außerdem entstehen durch die Entwicklung, den Bau und die Wartung von Robotern neue und wesentlich interessantere Arbeitsplätze.

Für Menschen besonders gefährlich sind Einsätze in Kriegsgebieten, weshalb die Militärs enorme Summen in die Forschung und Entwicklung von Robotern investieren. Die Aussichten, dass Roboter auf den Schlachtfeldern zunehmend zum Einsatz kommen, werden von Ethik-Experten unterschiedlich beurteilt: Während die einen Robotersoldaten begrüßen, weil sie vermutlich weniger Fehler machen und deshalb die Zivilbevölkerung besser schützen würden, lehnen die anderen eine Entmenschlichung des Krieges ab, weil das Töten seinen Schrecken verliert, wenn man es nur über den Monitor verfolgt.

Ebenso zwiespältig wird die Aussicht beurteilt, dass Roboter Menschen im sozialen Bereich ersetzen: Alte Menschen, die von Pflegerobotern Ansprache und Hilfe erhalten, könnten Gefahr laufen, ihre letzten menschlichen Kontakte zu verlieren und völlig zu vereinsamen. Versuche mit Kuschelrobotern für alte Menschen haben das jedoch nicht bestätigt, im Gegenteil: Heimbewohner hatten wieder etwas, über das sie mit den anderen reden konnten. Auch Eltern würden es nicht gerne sehen, wenn ihre Kinder lieber mit einem Plastikkameraden als mit anderen Kindern spielten. Dass diese Sorge nicht unbegründet ist, zeigt die Erfahrung mit Computerspielen. Doch anders als Computer, die Kinder zwangsläufig an den Schreibtisch zwingen, könnten mobile Roboter sogar zu mehr Bewegung animieren – als ein Spielzeug, das mit Freunden geteilt wird.

LIEBE UND ANDERE DINGE

Manche Experten gehen noch einen Schritt weiter. In seinem Buch *Love and Sex with Robots* geht der Schachmeister David Levy ganz ernsthaft der Frage nach, ob sich Menschen und Roboter lieben könnten. Levy hält diese Entwicklung in einem Zeitraum von fünf bis 20 Jahren nicht nur für möglich, sondern sogar für wahrscheinlich. Er glaubt allerdings, dass Roboter menschlichen Partnern aus Fleisch und Blut nicht den Rang ablaufen, sondern einsamen Menschen, die keinen Partner haben, Trost bringen werden.

Die größte Gefahr für unser Leib und Leben ist jedoch vermutlich die am meisten unterschätzte: Dass Roboter genau das tun, was wir von ihnen erwarten, nämlich für uns zu arbeiten. Schon jetzt nehmen uns Autos, Fahrstühle, Rolltreppen, elektrische Fensterheber, Fernbedienungen und die Einkaufsmöglichkeiten im Internet alle Arten von Bewegungen ab. Die Folge: Bewegungsarmut ist heute eine der größten Gefahren für unsere Gesundheit. Roboter könnten die Situation noch verschärfen: Ein dienstfertiger Asimo würde uns in unserer Wohnung auch die letzten Wege und Arbeiten abnehmen, so dass wir uns noch weniger bewegen müssten. Am Ende würden wir vielleicht ebenso verfettet und antriebslos dahindösen wie die Menschen in *Wall-E*. In unserem Bestreben, Haushaltsroboter uns möglichst ähnlich zu machen, sollten wir deshalb so konsequent sein, sie auch noch mit einem besonders menschlichen Wesenszug auszustatten: mit einem gewissen Hang zur Faulheit.

DANK

Wir danken der Zeitschrift *brand eins Neuland*, die Christian Weymayr den Auftrag gegeben hat, einen Artikel über die Bielefelder Roboterforschung zu schreiben, und die uns beide Autoren auf diese Weise zusammengebracht hat. ¬ Herzlichen Dank an unsere Gesprächspartner, allen voran an die Roboterforscher von der Universität Bielefeld. ¬ Für das Lesen des Manuskripts und für wertvolle Kommentare danken wir (in alphabetischer Reihenfolge): Jannis Anstatt, Tilman Frischling und Peter Spork. ¬ Außerdem danken wir Malte Ritter vom Verlag für die sehr gute Betreuung.

Schon aus?

ROBOTER VON A BIS Z

¬ **Aibo 16 f., 126, 128** legendärer Roboterhund von Sony aus dem Jahr 1999, wird nicht mehr produziert ¬ **Albert-Hubo 112** extrem humanoider Roboter der Firma Hanson Robotics, dessen Kopf Albert Einstein ähnlich sieht ¬ **Andrew 40** humanoider Haushaltsroboter aus dem Film *Der 200 Jahre Mann* ¬ **Asimo 102–106, 111, 114 ff., 119 f., 124, 128, 131, 137, 146, 155, 157, 166, 174, 177 f., 181, 186, 194, 200, 215** humanoider Roboter der Firma Honda mit weiterentwickelter Fortbewegung ¬ **Asuro 30** anspruchsvoller Baukasten des Deutschen Luft- und Raumfahrtzentrums ¬ **AT01 128** Produktlinie des humanoiden Spielzeugroboters Manoi ¬ **Ballpicker 91** Serviceroboter zum selbstständigen Einsammeln von Golfbällen ¬ **Beetle 29** Baukasten für gelbes Roboterfahrzeug mit Greifarm ¬ **Berserker 43 f.** uralte unbemannte Killerraumschiffe fremder Herkunft aus den gleichnamigen Science-Fiction-Romanen von Fred Saberhagen ¬ **Berti 153** Roboter der University of Bristol, der »Schere, Stein, Papier« spielen kann ¬ **BigDog 64, 130 ff., 147** vierbeiniger Militärroboter zum Tragen großer Lasten der Firma Boston Dynamics ¬ **Bigmow 90 ff.** großer Mähroboter für den Einsatz in Parks, auf Golfplätzen und Fußballfeldern ¬ **Bioloid 128** humanoider Spielzeugroboter ¬ **Biron 183 f., 187–192** Haushaltsroboter der Universität Bielefeld mit eigener Wohnung ¬ **Boss 55, 60 f.** selbstfahrendes Auto der Carnegie Mellon University auf Basis eines Chevrolet Tahoe, Sieger der Grand Challenge 2007 ¬ **Botan 92** Studie eines universellen Gartenroboters ¬ **C3PO 41** humanoider Kommunikationsroboter aus dem Film *Krieg der Sterne* ¬ **Care-o-bot 86** Pflegeroboter, der putzen, aufräumen sowie Essen und Medikamente austragen kann ¬ **Chembot 134 f.** der einem schlappen Fußball ähnliche Roboter bewegt sich gezielt mithilfe einzelner Luftkammern, die sich füllen und leeren ¬ **Crusher 62 ff.** unbemanntes, extrem geländegängiges Militärfahrzeug ¬ **Da Vinci 78, 81** Operationsroboter von 1998, den der

Promet 106 großer humanoider Roboter der Firma Kawada Industries, der selbstständig aufstehen kann ¬ **Huey 42** einer von drei Servicerobotern aus dem Film *Lautlos im Weltraum* ¬ **iCub 182** kommerzieller Gestikroboter des europäischen Projekts RobotCub für die Forschung ¬ **Industry Set 29** Roboterbaukasten der Firma Fischertechnik ¬ **Jules 112 f., 172** extrem humanoide Roboterbüste mit beweglichem Gesicht und kommunikativen Fähigkeiten von Hanson Robotics ¬ **Junior 61 f.** selbstfahrendes Auto der Stanford University auf Basis eines VW Passat, Nachfolger von Stanley, Zweiter der Grand Challenge 2007 ¬ **Junior 174, 176, 178, 181** weiterentwickelter Mimik- und Gestikroboter der Universität Bielefeld mit Latexmaske ¬ **Lego Mindstorms 24, 26 ff., 32** Baukasten mit Lego-Steinen, Motor, Sensoren und Steuereinheit ¬ **Lokomat 88** Gehroboter zur Unterstützung der Ergotherapie ¬ **Looj 95** Regenrinnenreiniger von iRobot ¬ **Louie 42** einer von drei Servicerobotern aus dem Film *Lautlos im Weltraum* ¬ **Manoi 22 f., 128 f.** humanoider Spielroboter für Forscher ¬ **Max 154–158, 161 f., 168, 179 ff., 207** Kommunikationsavatar der Universität Bielefeld, arbeitet als Museumsführer im Heinz Nixdorf Museum in Paderborn ¬ **Mechanischer Türke 164 f.** 1. schachspielender »Roboter« von 1769, in dem in Wirklichkeit ein kleinwüchsiger Mensch saß; 2. Recherche-»Maschine« von Amazon, die von Menschen bedient wird ¬ **Mobile Set 29** Roboterbaukasten der Firma Fischertechnik ¬ **Mosro 96 f.** mobiler Sicherheitsroboter der Firma Robowatch ¬ **Murata Boy 106** kleiner humanoider Roboter, der Fahrrad fährt ¬ **Nabaztag 18 f.** weißer Hausroboter in Hasenform mit Internetanbindung ¬ **Nao 17, 126, 128** kleiner humanoider Spielzeugroboter von Aldebaran Robotics, Nachfolger von Aibo in der RoboCup Soccer »Standard Plattform League« ¬ **Opportunity 67, 69 f., 73** Erkundungsroboter der NASA-Mission »Mars Exploration Rover«, Zwilling von Spirit ¬ **OrthoMIT 82** Medizinroboter für dreidimensionale Aufnahmen von Patienten ¬ **Otto 33 f.** diktatorischer Bordcomputer aus dem Film *Wall-E* ¬ **p3 118 f.** sehr großer humanoider Roboter

Roboter vom Planeten Balda 7-3 aus dem Film *Schlupp vom grünen Stern* ¬ **Scooba 94** Wischroboter der Firma iRobot ¬ **Senior 174** erster Mimik- und Gestikroboter der Universität Bielefeld mit Latexmaske ¬ **Shadowhand 136–139, 141–151** Roboterhand für die Erforschung und Entwicklung des Greifens der Firma Shadow ¬ **ShadowStalker 128** humanoider Spielzeugroboter ¬ **Shelley 62** selbstfahrender Audi TTS der Stanford University, der mit 210 Kilometern pro Stunde einen Geschwindigkeitsweltrekord für autonome Fahrzeuge aufstellte ¬ **Sparkling Mike 20, 105** alter Spielzeugroboter im klassischen Blechoutfit, der beim Gehen Funken sprüht ¬ **Spirit 67, 69 f., 73** Erkundungsroboter der NASA-Mission »Mars Exploration Rover«, Zwilling von Opportunity ¬ **Spykee WiFi 30** Baukasten für fahrbaren, halbhumanoiden Spielzeugroboter mit Videokamera und Internetverbindung ¬ **Stanley 58–62** selbstfahrendes Auto der Stanford University auf Basis eines VW Tuareg, Sieger der Grand Challenge 2005 ¬ **T-800 Modell 101 44** frühes Modell aus dem Film *Terminator*, gespielt von Arnold Schwarzenegger ¬ **Terminator 44 f.** humanoider Killerroboter aus der gleichnamigen Filmreihe ¬ **TerraMax 56** selbstfahrender Lastwagen, Teilnehmer der Grand Challenge 2004 ¬ **Titan 48 ff.** Industrieroboter der Firma KUKA, stemmt 1000 Kilogramm ¬ **Tumbleweed 72, 134** Studie eines rollenden Erkundungsroboters für fremde Planeten ¬ **Twendy One 108, 114, 135, 152** humanoider Pflegeroboter mit kräftigen Armen und geschickten Händen von der Wasada University aus Japan ¬ **Unimate 52 f.** erster Industrieroboter von 1961 ¬ **Verro 96** Roboter zum Reinigen von Schwimmbecken von iRobot ¬ **Wakamura 107 f., 135** humanoider, kommunikativer Hausroboter von Mitsubishi Heavy Industries ¬ **Wall-E 33 ff., 39, 215** Aufräumroboter und Held des gleichnamigen Films ¬ **Warrior X700 64 f.** autonomes Kettenfahrzeug mit vier Kanonen, aus denen auch tödliche Schüsse abgegeben werden können ¬ **Zeno 22 f., 112, 128, 178** kommunikativer Roboterjunge von Hanson Robotics mit beweglichem Körper und Gesicht.

BILDNACHWEIS

¬ Alfred Kärcher GmbH, Winnenden **93** ¬ American Honda Motor Co. Inc. **102, 105, 117/118, 209** ¬ androidworld.com **106 l.** ¬ Angewandte Informatik, Technische Fakultät, Universität Bielefeld **174, 192 o.** ¬ Asuro-Projekt, FH Wiesbaden **30 u.** ¬ ATR Intelligent Robotics and Commnication Laboratories, Japan **113 o.** ¬ Audi of America, Inc., Auburn Hills **62** ¬ blog.cleveland.com **81** ¬ Bloomsbury, London **211** ¬ Boston Dynamics © 2009 **130, 131** ¬ botmag.com **22, 129 Mitte, 224** ¬ Carnegie Mellon, National Robotics Engineering Center, Pittsburgh **63** ¬ Christian Weymayr **20, 21, 26, 184 l., 188, 190, 223** ¬ Christof Elbrechter, AG Neuroinformatik, Universität Bielefeld **143** ¬ cmu.edu **16** ¬ commons.wikimedia.org **115** ¬ computerhistory.org **196** ¬ computertoday.com.hk **107 o.** ¬ darpa.mil **60** ¬ DeLaval, Tumba **99** ¬ DOF Subsea, Bergen **77** ¬ elbot.de **163 u.** ¬ fischertechnik, Waldachtal **29 o.** ¬ Frank Hegel, Angewandte Informatik, Technische Fakultät, Universität Bielefeld **169, 177** ¬ Frank Schönmann, Arbeitsgruppe Künstliche Intelligenz, Universität Bielefeld **156** ¬ Fraunhofer-Gesellschaft **87** ¬ Frederic Siepmann, Angewandte Informatik, Technische Fakultät, Universität Bielefeld **183, 184 r.** ¬ Hana Boukricha, Arbeitsgruppe Künstliche Intelligenz, Universität Bielefeld **154 l./r.** ¬ Hocoma AG, Volketswil **88** ¬ Inselspital, Universitätsspital Bern **78** ¬ iRobot Corporation, Bedford **64, 94 o./u., 95, 96** ¬ Jan-Frederik Steffen, AG Neuroinformatik, Universität Bielefeld **141, 142** ¬ Kai M. Wurm, Sonderforschungsbereich SFB/TR 8 Spatial Cognition, Universität Bremen **192 u.** ¬ Kodlab, University of Pennsylvania **132 l./r.** ¬ Kooperationsprojekt Uni Bielefeld (Prof. Holk Cruse) und Uni Duisburg (Prof. Martin Frik) **133 r.** ¬ KUKA Roboter GmbH, Augsburg **50, 51** ¬ Lorenz Sichelschmidt, Arbeitsgruppe SFB 673 »Alignment in Communication«, Universität Bielefeld **180** ¬ marum.de **75** ¬ Micromechanical Flying Insect (MFI) Project, University of California, Berkeley **134, 135 o.** ¬ Nabaztag.eu **19** ¬ NASA **67, 69 o./u., 70, 72** ¬ NEC Corporation **3, 18** ¬ novineon Healthcare Technology Partners, Tübingen **84** ¬ orthoMIT, Aachen **82** ¬ Robert Haschke, AG Neuroinformatik, Universität Bielefeld **138, 139** ¬ Robo Garage, Japan **129, 216** ¬ robotcub.org **182** ¬ Roboterlabor, FH Köln **53** ¬ Robowatch Technologies GmbH, Berlin **97** ¬ Shadow Robot Company Ltd., Liverpool **136, 137, 145, 147** ¬ spawar.navy.mil **66** ¬ Stanford University, Palo Alto **58** ¬ SUYIN GmbH, Pfarrkirchen **92** ¬ tartanracing.org **55** ¬ The Maersk Mc-Kinney Moller Institute, Odense **14/15** ¬ The Neurosciences Institute, San Diego **204 o./u.** ¬ TU Graz **126 o./u.** ¬ United States Library of Congress, Washington **36** ¬ University of California, Berkeley © 2004 **85** ¬ University of California, Berkeley **133 l.** ¬ ush.ulsan.kr **79** ¬ venturebeat.com **13** ¬ vislab.it **56**

Leider konnte nicht für jede Abbildung das Copyright ermittelt werden. Für mögliche Hinweise wenden Sie sich bitte an den Verlag.

AUTORENBIOGRAFIEN

Christian Weymayr, geboren 1961, ist promovierter Biologe und Wissenschaftsjournalist. Er schreibt unter anderem für das Wirtschaftsmagazin *brand eins*. Bei Bloomsbury K & J erschien von ihm bereits *Hippokrates, Dr. Röntgen & Co. Berühmte Pioniere der Medizin* (2007).

Helge Ritter, geboren 1958, ist Professor an der Universität Bielefeld, wo er den Arbeitsbereich Neuroinformatik leitet. Er erforscht, wie man Roboter und andere technische Systeme nach dem Vorbild biologischer Gehirne intelligent machen kann. Für seine wissenschaftlichen Leistungen erhielt er 2001 den Leibnizpreis. Er ist Mitgründer des »Forschungsinstituts für Kognition und Robotik« und Koordinator des Exzellenzclusters »Cognitive Interaction Technology«.

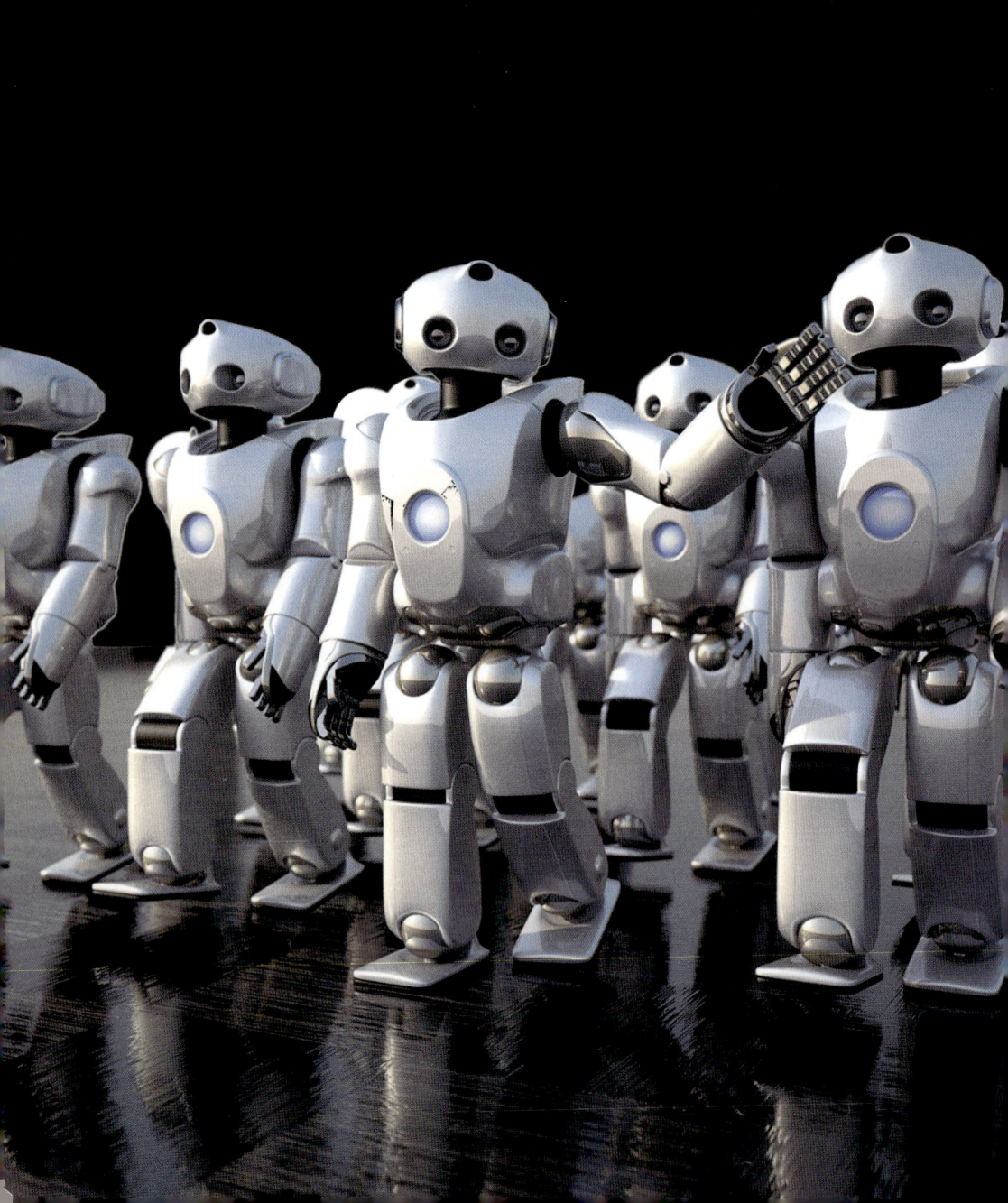